吳明益 文字・攝影・繪圖

《迷蝶誌》再序

作家、自然觀察者 劉克襄

去年九月起，在東華大學當駐校作家。接近下學期末的一天清晨，中文系學生約我前往華湖。

華湖位於學校隱密的雜木林裡，一般人不易尋獲。千禧年左右，我在此遊蕩。腳踏車停靠路邊，沿著一條明亮的碧綠小徑蜿蜒進去，中途遇見一條蛇盤蜷著。退了十來步，折了個小彎，很快抵達湖邊。對岸有罕見的沼鷺，木訥地佇立著。腳色肉紅的緋秧雞，悄然從草叢探出身影。我蹲坐在草地，跟牠們一樣安靜。整個下午彷彿坐禪般，不覺時間之溜逝。

跟我相約前往的男同學叫詹宏博。去年在彰化溪湖高中聽過我的講演，意外地又在此結緣。在集合點碰頭時，宏博手邊持了一把大鐮刀。我有些困惑地探問，「走進華湖需要這麼辛苦嗎？」

「上回吳明益老師帶我們進去，帶了一把山刀在前面開路。」

未幾，三位中文系女生按時到來。她們昨晚得知要去華湖，也興奮地跟來。宏博在前帶路，我們旋即走進了游泳池後隱密的林子。一進去，他就不斷地撥枝劈草。我才吃驚，十年前輕鬆遊蕩進來的情景已不復存在。

昨晚大雨滂沱，林木沾滿濕重的雨露，天色迄今仍陰翳如蒼鷺暗灰的背羽。在路跡不甚明顯的芒草小徑裡，我們有些吃力的往前鑽探。不過一小段，領頭的宏博衣領濕濡，黏附了不少草葉碎屑。我和三位女生也不斷被銳利的芒草割劃手臂，但大家甘之如飴。邊走邊聊才知道，她們都跟吳明益來過華湖。

既然進來過了，為何還要再次重訪？等再往前，我才恍然明白。

小徑上茵陳蒿叢生，不少植株開花了。我停下腳步介紹其生長特性，順便描述其藥用和可能的食用功能。一位女學生笑著說，「吳老師也介紹過，有位同學回去後，用茵陳蒿充當義大利麵醬料，很好吃呢！」

「既然吳老師講過了，我就不多說了。」

她們卻撒嬌，「你們講的不一樣，我們還是有很多吸收啊！」

我點點頭，繼續介紹。什麼山鹽青、紫株、咸豐草，再嘗試著以自己的認知描述。後來聆聽到周遭的鳥聲甚多，我們安靜地站在草原裡。我嘗試著想像這些啼叫的可能意義，描述自己的感覺。

他們認真地點頭，很想找出發聲的位置。那種對自然欽慕的單純眼神，隨即教人聯想，吳明益的教學勢必對他們影響不小。

走到一處空地，宏博介紹說，「這是吳老師露營的地方，他鼓勵我們，可以嘗試到這兒過夜，而且最好一個人單獨前來。」

一路上，他們繼續提到吳明益的種種。對他們而言，吳明益不只在讀書上，帶給他們各類知識的啟發，還在縱谷裡打開一片自然觀察的視窗。

接下來，路徑消失了，草叢比我想像的更加高大隱密。宏博一時找不到路，躊躇不前。女同學們雖來過，卻也記不得通往湖邊的小徑在哪？

宏博有些歉然地跟我說，「以前跟吳老師從這兒再走進去，草叢並不高，很快就找到路，但這次很奇怪，草叢都快變森林了。」

早上我還答應學校一堂講演，如果這時不快點找到華湖，萬一陷在此地，跟人家說在校園迷路，恐怕會成為笑柄。我有些心急地加入尋找，還好，很快就發現了路跡鮮明的小徑。

我帶頭在前一邊想著，啊，怎麼現在走往華湖變得如此辛苦，這不過是一個大學的湖泊呀！

還有，待會兒看到的湖泊，會是過去邂逅的那等開闊亮麗嗎？

五、六年前，吳明益應聘到東華時，我欣喜地郵寄一篇自己撰述此湖的小品，建議他日後何妨常來此走逛。雜木林是東華大學校園的自然特色，更是花東縱谷平地森林和曠野的指標。華湖則是此區雜木林的心臟，提供了周遭更多樣生物的豐富內容。

日後他即常來此湖觀察和上課，著作裡也提及。當年我來華湖，小徑開敞好走，或許到他走訪時即草木深掩，不易探路了。而走在後頭的學生們，跌跌撞撞地跟了上來，又彷彿某種幽微的隱喻。宏博熱愛鄉野，也想嘗試自然書寫，這是他前來花蓮就讀的主因。在這兒遇到吳明益，想必更能達成其心願吧！

我們的出現激起一隻夜鷺和小白鷺竄飛，湖泊隨即進入寧靜的狀態，只有盤谷蟾蜍低沉地單鳴著。跟當年一樣，湖泊對岸依舊是幽黯的葳蕤森林，遠遠地才有學院的塔樓露出。湖泊雖無過去開闊，但依舊原始，生機隱隱。

我們沿著湖邊巡行，宏博又主動帶路，嘗試著從另一條小徑出去。小徑再往前，形成泥濘之地。每個人的腳都浸泡在污水裡，狼狽地跋涉著，最後再走進濕濡無人的森林。

面對藤蔓糾葛的林子，宏博再次找不到路。我再度上前，試著協尋。一邊探路時，突然間想起了吳明益的《迷蝶誌》。這是他自然書寫的第一本散文創作，甫出版即接連得到不少讚譽，旋即被視為文學界重要的新秀。

昨天他寫信給我，想要再版此書，因而客氣地請託，是否能在之前的舊序添補些什麼。不知是重返此地，還是在找路，我竟想起此事。

也因這一突然聯想，萌生了很大的感慨。這座我們前後都探看過的華湖，多麼像我們都熱愛的自然書寫一樣。但大家進來時，華湖展現了不同的風貌。我走進來較早，小徑路途明亮。吳明益稍晚抵臨的時日，想必辛苦許多，而且後來再帶學生進來探看，都得配備山刀除草了。我可以想像，他在東華大學執教，勢必也期待好些學生，日後能成為熱愛山川的創作者，跟我們一樣幸運地受到自然的眷顧。

以前寫過一序，贅述此書的優美質地。如今重新回顧，或者該定位在一個台灣自然寫作的光譜上。此書當年的結集，大抵是台灣自然寫作最為鼎盛時，本土創作和翻譯作品備出。但《迷蝶誌》的出版，儼然預知了自然寫作另一成熟面向的可能。

那時我以為，因為科普知識豐富了，自然觀察成為顯學了，這樣的寫作者恐怕會愈來愈多。豈知一個年代過去，自然書寫的高度卻停滯於此，幾不見新人。吳明益後來的著作，諸如《蝶道》或《家離水邊那麼近》早已擺脫《迷蝶誌》的青澀，卻也因其作品的成熟亮麗，更加凸顯這一領域的後繼乏人。

那年的前序帶著很大欣喜，今之後序則頗有感傷。網路時代年輕寫作者多不願意走到戶外來吃苦，主流社會提供的生活價值亦少有這類空間，像宏博這樣持著鐮刀，在林子裡摸索去路的孩子委實不多。他依舊在前探路，身影愈有吳明益的堅持，我想他應該很快會找到方向。（二〇一〇年）

初版推薦序一

蝶之驚豔

台灣賞蝶會會長 陳維壽

六十多年前當我初次到學校時，在校園內小灌木林上看到很像花蕾的東西，牠緊緊地附在枝條上，但用手摸時會擺動，當時我以為是會動的花蕾。有天清晨牠裂開了，當然開不出一朵會動的花，卻跑出一隻又肥，翅膀又皺的醜小蟲。當我失望而想打落牠時，那皺小的翅膀像一把扇子展開了，就變成很美的蝴蝶。我實在很感動，從此六十多年來蝴蝶時時刻刻帶給我驚喜和快樂。

近二十年我也為了蝴蝶保育盡了我的心力。至今推展蝴蝶保育略有成效，然而我總覺得，我的努力就是不能廣泛的擴散到社會的每個角落，並深植大眾的心中。因為我所能做的，僅限於以有關蝴蝶的生物學知識為基礎進行保育觀念的推展，長期以來，一直期望有人能夠以藝術、文學的角度去解析蝴蝶美妙的內涵，藉以深入多元化社會中不同領域的人群中，使蝴蝶保育成為人們廣泛的共識。

這類做夢般的願望將由吳明益先生來實現。他雖然並非昆蟲相關科系畢業，然而他以專研而得的極為豐富的文學素養為基礎，再配合近年來投入大自然的懷抱中，直接與眾多蝴蝶接觸，擁抱優雅舞姿編織的美妙生態，並以敏銳的觀察力和豐富的想像力，從牠們生活行為上的點點滴滴，終於成功的察覺再深入閱讀蝴蝶散發的情感。

他更能分析並綜合這些資料、感受，並將蝴蝶生涯中的喜怒哀樂以文學的方式呈現在讀者眼前。這些有關蝴蝶的創作實為揉合生物學上的蝴蝶生態知識以及蝴蝶感情，用藝術手法呈現的嶄新嘗試。我深信，他能打開過去我努力進行蝴蝶保育推廣而無法滲入的另一群人們的心中，有助於全民關心象徵台灣的蝴蝶資源之保育推廣。（二〇〇〇年）

初版推薦序二

春芽的喜訊

靜宜大學教授 陳玉峰

笈克是個憨厚的大男生，先前擔任我的研究助理，有天他問我，如何產生內化的自然情操，我不經意的丟給他：「不妨夜間跑去大坑逛逛」（大坑是中台灣極其少數低海拔殘存的天然林區），隔幾天他跑來跟我說：「我終於明白關在鐵籠中，獼猴的心情！」

原來他暗夜走在大坑山稜上，極不熟稔的黑暗世界，仿如常人初瞎。最吵鬧的死寂中，突然樹梢響起急迫的窸窸窣窣，全身毛孔不及張豎的瞬間，樹葉猛浪狀一波波交錯傳導，推測是獼猴夜遊，驚嚇中隱約瞥見，一雙雙快速錯動的火眼金睛，虎視眈眈的瞄準他所有的舉動，脊髓剎那急凍的恐懼中，他跌撞奔逃下山。

此後，他或將明白陰陽對調、黑白交換、事理易位、同理心置換的系列纏綿，對待其他生命的另一面向反思，雖然他只是告訴我，那種「被窺視的恐怖」。

吳明益，一位素昧平生，好像是泅泳在詩詞訓詁、唐詩海洋的年輕人，迷戀福爾摩沙的蝶影只是近二、三年事。在他隨著文明時髦浪潮，湧進現代化商機盎然的昆蟲館擔任解說員，充當「生態保育、傳遞生物知識」的尖兵之際，卻發現那是一座富麗堂皇的昆蟲集中營，囚禁的不僅是無助的天牛、大蝗、鍬形蟲、蝶與蛾，還有扭曲變形的自然驚豔，另類自然的殺戮戰場，只為了讓經營者張大嘴巴，奮力吸吮傳遞自肉商、菜販、魚攤、小吃店員手中，一張張皺縮、瀰漫腥臊的新台幣。

於是，不忍卒睹的尷尬下，吳明益逃離了生死攪拌器的活體展覽區，選擇與死屍為伍，並將他視覺網膜的顯影，沖洗出一段段溫柔的控訴，文章題為〈寄蝶〉，文中他敘述，抓自恆春半島的大白斑蝶，被夾在三角紙板，郵寄七小時，越過陰陽界，來到展覽館，充當「保護生命、恢復環境」最後剩餘價值的展現，讓魚貫而入的親子，綴在衣襟、勾在髮梢，拍下一張張愛死自然的遺照，這是否就是廿世紀末，台灣的保育文化？

合此因緣，思惟細密的吳明益，將他的口器深入不同生命之間探尋，而且漸次萌長羽翅，飛出了人本的藩籬，成了半個「迷人」，開始以筆，檢驗蛻變中的自己，於是，一篇篇時人稱之為自然文學的散文脫蛹而出。〈十塊鳳蝶〉、〈死蛹〉、〈界線〉、〈陰黯的華麗〉……，鋪陳他的生活，逐蝶、夢蝶，讀書心得，意識或非意識流衝撞的些微映照，反芻著生命現象宿命的迷惘，而且，就像初戀的第一次約會，強作從容的去赴一場內分泌的戰爭，直接的要把初吻的pH值，傳述給認識與不認識的人種，告知百年台灣生靈凋殘的悲劇。

不知有無記錯，他的一篇文章好像我曾經評審為某個獎項，當時無法給首獎的原因是「輕薄」了些，而麥田出版社陳靜惠主編捎過來全書的文稿後，我才知道合該輕靈，因為他寫的是實際也該飛的意象。

斷續展讀吳明益君的散文，閃入腦海的第一印象，是我那被台灣獼猴嚇出領悟的助理，其次，聯想起高中時代，我在「當代中國十大哲人」強悍霸氣的「新儒家」氣旋中，落荒奔向自然科學的履歷，相對的，吳君卻從傳播廣告科系，投入中國文學研究所的浸染，意外的，側生迷蝶的胎變，丟給我春芽的喜悅，最重要的，他不像時下「成名的自然文學作家」，老是從怎麼吃、如何用的貧窮文化出發，玩弄些虛無縹緲的文字魔術，接受王永慶合成的塑膠桂冠，穩坐在都會叢林把玩「芬多精」。吳君接觸了真實的自然，也不得不自稱「溫和的人類中心主義」。

我無意評論吳君的文學造詣如何精緻，毋寧我較關切多少台灣人願意靜下心來，咀嚼《迷蝶誌》的影像、意象，以及文字之外的情操。畢竟，二千三百萬釐不清「省籍」的台灣人，正陷入「國籍」的錯亂中，吳明益君適時抛下了「地籍」的救生圈，只搶救願飛的人種。何其盼望，多一些台灣人，認同「地籍」之後，進一步一窺「靈籍」。

誠懇的向讀者推薦《迷蝶誌》。（二〇〇〇年）

於大肚台地

台灣特有種：一個自然寫作的新面相

作家、自然觀察者 劉克襄

一位陌生的年輕作家寄來他即將出版的散文集，隨著集子還有他精心手繪的插圖和micro鏡頭拍攝地照片做為內文的搭配。此外，郵袋裡還附了一本他的處女作《本日公休》。在這本短篇小說集裡，作家宋澤萊以「美麗的初航」稱允作者為未來的重要作家。

面對散文集，我卻相當遲疑，自己是否能寫好序。畢竟，對方是一個陌生的實體。我素來內向的個性夾雜著奇特的疏離和不安。生怕自己的感情無法融入，就對不起作者辛苦的創作了。

可是，開啟內容後，隨即被一種特有的熟悉情境所著迷和感動。整部集子所處理的題材，正是我這二十多年來信守的寫作主題和環境。他已經在我曾經走過的大地，試著以自己的腳步摸索一陣，而我竟習焉不察。從一篇篇的敘述，我一邊感慨自己的疏失，一邊則揣想著他的思維和體驗，不自覺地對照著自己年紀相仿時的遭遇。

藉由這塊土地的牽成，再透過這樣的野外生活共鳴，我慢慢地認識了他；並且隱隱掌握了一種來自自然觀察的原力——我們彼此深知這種力量的特異，進而不揣淺陋，試著撰文闡述，也決定向讀者介紹吳明益。一個非小說領域的吳明益。我要試著就他這回作品的內容，素描他的散文背景和起源，進而簡短地追溯我們這一群野外族群的發展過程。

蝴蝶是吳明益這本創作的主題。整個敘述的主軸亦緊緊環繞著蝴蝶的生態習性，以及由蝴蝶牽引出來的自然志和生態環境問題。有趣的是，這個主題和先前的小說並無任何瓜葛。若不掛上作者的名字，還真難以想像，兩種文類竟都是同一個人的創作。

純文學的前衛小說在前，自然觀察的散文在後，這是什麼樣的寫作意境和創作斷裂呢？恐怕也只有作者能體會箇中滋味。早年自己寫詩時，雖然也有過這樣的企圖和努力，文詞裡難免還夾雜著一些糾葛的情緒，始終無法擺脫文藝青年的喃喃自語。吳明益竟無這層困境，讓我頗感稱奇。

賞蝶和其他自然觀察一樣，必須透過不斷地旅行，在跋涉山水中，長期錘鍊心志和書寫的內容。吳明益沒有忘記這個本分。他以我極為熟悉而親切的旅行方法，在台灣各地走動，記錄自己觀察蝴蝶的心得，而且充分發揮創作的想像和才華。儘管他走的還不夠遠，亦不綿長，但是已經呈現的作品卻充分展現了更深更廣的可能。

在蘭嶼，他尋找珠光鳳蝶。從〈十塊鳳蝶〉的故事裡，旁徵博引地提到了鳥居龍藏、夏曼・

藍波安和蘭嶼的自然沿革，再以此穿針引線，生動地介紹捕蝶歷史、珠光鳳蝶的棲地。在國姓鄉，他追蹤小紫斑蝶的歷史，從四百年前荷蘭人的經營，到鄭成功的拓墾，再涉及德國人紹達的辛苦採集。一隻小小的普通蝴蝶，在他熟練的寫作技巧下，經常就有橫向地生態習性和環境變遷之敘述，兼有縱深地歷史和自然志的延伸。縱使在校園、都市之小天地，我們都看到他和蝴蝶熱情而精彩的互動。毫不起眼的蛇目蝶，在他眼裡竟飽滿了神話和哲學之味。笨拙的大白斑蝶在環境不同的對照下，也有了無以倫比的炫麗飛行。

吳明益創作所汲取的養分不僅廣泛且拿捏得宜，我不時讀出一陣歡喜和讚嘆。這幾年來，台灣自然生態觀察和歷史人文所累積的豐富知識，都在他的旅行過程裡，成為隨手可汲取的養分。他不像八〇年代的自然寫作者，犯了捉襟見肘的困窘，常要向西方取經，也不時露出那個時代教條式的道德威權；甚至仍無法擺脫口號式的報導。

由於在那個年代初，我即已投入自然題材的創作，對於當時正興起的自然寫作，以及後來的發展始終保持高度的關心。同時，對每一個階段自然寫作者展現的風貌，更充滿好奇。我亦不時積極尋找這類同好，相互切磋、請益。這幾年，在這個領域裡，我也遇見了不少「台灣特有種」。諸如鎮日迷戀老鷹的沈振中、倡議綠色旅行的陳世一，或者遇見孤高的古道學前輩楊南郡。尋找他們，一直是我從事自然觀察裡不可或缺的工作。我把它當成和觀察動、植物一樣快樂的事情。

不過，吳明益明顯地和他們的出身不一樣。他和我一樣都是「科班」出身的。我的意思說，我們都是從文學出發，在創作的路上和自然生態的視窗照會了，從此就不再離開它。這樣的人並不少，在八〇年代時，王家祥、洪素麗、凌拂和徐仁修等都是這類同好。

九〇年代初也有零星的創作者，朝這個方向在努力創作和實踐生活。但直到最近我才又有明顯地感受，為數更多的另一批積極創作者，堅持著更成熟的生態觀，在自然寫作的範疇裡，尋找自己的風格和觀點。如果你常看報紙，應當不難看到杜虹、李曉菁、范欽慧、廖東坤等人的名字，以及他們的作品。

從他們的創作意圖和內容，我試著瞭解，那些經過整個年代生態環境運動洗禮，並且擷取更多西方自然寫作精華的創作者，對土地倫理有無我們的好奇和熱中？亦或是充滿新的生活價值？

早期的自然寫作者常被譏諷，只能以淺顯是非的道德和美學說服人。晚近的自然寫作者很少陷入這種啟蒙期的思維框架。吳明益更是，他所成長的環境讓他輕易地跳開這個八〇年代環保的迷障，直接以更成熟的自然知識，在文學的場域奔放。他的行文，不僅看不到早年自然寫作者(包括我)的那種濫情了；同時，也無作家楊照在九〇年代時認定的急切和焦慮。

他的創作內容展示了較為活潑的可能，以及更多文字鍛鍊後的繽紛。三種主要的面相交錯著，形成他書寫蝴蝶的內涵。一為自然志的隨手捻來，豐富了他文章的深度，並顯示了他的聰慧和機敏。二是豐富的野外經驗，允當地揉合科學的生態知識，讓他的敘述更加有說服力。三是文學的技巧卓越，平淡的素材經過他的消化、轉換時，充滿了詩意的效果。

從自然寫作在台灣的發展來看，這一系列蝴蝶散文所蘊藏的成績和發展，恕我再襲用野外經常使用的語言：我又發現了另一個新品種。一個在這塊土地上經過許久才可能蘊育的種類。

晚近以自然為題材的創作，逐漸傾向工具圖書化的書寫，輕忽了文學長遠的功能和意義。很高興，作者對這樣的傾斜保持一個高度警覺的距離，繼續在自然寫作的園地上和我們一起深耕。

從吳明益的創作，我不免想到晚近，國內大量譯介進美國自然寫作者的創作經典，我們從梭羅、約翰·繆爾的早期生態文學作品，讀到晚近如戴安·艾克曼、亨利·貝斯頓等人的創作，每一個階段的自然寫作者都有他們的生活哲學和土地倫理觀。

台灣也有機會如此呈現成績。在短短二十年間，隨著生態意識的高漲，我們的自然寫作人才並不乏後進。生態主張逐漸多樣下，觀察也展現更多的細膩和成熟。薄薄地這本散文集雖不足以展現個人的強烈風格，但一種過去較少看到的新方向已然成形。

自然寫作也需要更多歷史的積累，透過一代接一代生活和哲思經驗的開創，緊密地和生態環境互動。這種特殊的文學類型方能豐收，成為台灣文學裡重要而獨特的一支。環顧過去，我們還走沒幾步。歡迎吳明益進入這條路線，而且能夠持續走下去！

對我而言，吳明益的初航不只是美麗，方向也很準確。（二〇〇〇年）

新版作者序

死去的那些

吳明益

《迷蝶誌》出版十年了。意思就是說，當時二十歲讀到這本書的人，現在已經三十歲，當時四十歲讀到這本書的人，現在已經五十歲，當時才出生的孩子，現在已經可以到野外去結識蝴蝶。而那本書裡所提到的每一隻蝴蝶，其實都已經死去，幸運的則可能已繁衍了三十代。

這一年多來，有好幾位在出版界任職的朋友問我《迷蝶誌》重新出版的可能性，我總是婉拒，理由是，對一個寫作仍不成熟的人來說，不斷嘗試寫出過去未曾寫出的物事，才是最重要的事。畢竟，多數的公共圖書館，可能也都找得到這本書，對我而言，寫書的目的絕非是為了賣書而已，而《迷蝶誌》裡那個著魔、感情像藤蔓植物般容易失控的我，畢竟在本質上已大不相同，我得認真地想想，這本書重新出版有何意義。

早在六、七年前，就有讀者告訴我，《迷蝶誌》在市面上已經買不到了。我總是選擇忽略，建議他們找看看有沒有二手書。幾個月前，在一個演講場合裡，有一位讀者拿了《迷蝶誌》來找我簽名，她說這本書費了很大的工夫才找到。另一位讀者則拿了我所有的書過來，說：「就只缺《迷蝶誌》了。」

在這樣的時間之流裡，還有人想起這本書，做為一個作者，應該知足了。年初我收到十年前《迷蝶誌》編輯陳靜惠的來信，提及這本書重新出版的可能性(這真是奇妙的因緣)，我很乾脆地拒絕。幾個月之後，《蝶道》有了出版修訂版的機會，得以更正裡頭的錯誤。常給我適時忠告，陪我走過書裡每一處地點的M不經意地說，《迷蝶誌》重出也不錯，可以把裡頭的錯誤也一併改過。於是，我坐在書桌前，把當時初版的舊書拿了出來，回憶起《迷蝶誌》對我寫作的意義。

當年只出版了一本沒有什麼人關注的短篇小說集《本日公休》(一九九七年)的我，因為任職麥田的靜惠和我討論出書的可能性，才決定以當時我沒有發表，撰寫蝴蝶的作品來出書。當時她問我可以找誰寫序，我說我誰都不認識，但有三個人對我意義重大，分別是蝶類專家陳維壽老師，深深投入環境運動的陳玉峰教授，以及在我的印象裡，總是默默一個人到各處旅行、觀察自然的劉克襄先生。靜惠把稿子寄給這三位我連一面都沒見過的老師們，出乎意料之外，他們都答應為《迷蝶誌》寫篇文章。某天黃昏，我正獨自走到校園附近一處荒地拍照時，呼叫器傳來回撥電話的訊息。我到公共電話亭回撥了電話，那頭即是劉克襄老師，那是我第一次，聽到他的聲音。

書出版以後，我預計應該會像小說集一樣無聲無息，沉沒在書海裡。那也無妨，本來我就是純粹喜歡用文字表達而已。不料不久就接到台北文學獎得獎的訊息。當時這個獎項是由出版社、學者、編輯推薦參加的，且是以一本書為單位，而非一般的單篇文章的文學獎。得獎自然開心，我上網查了一下，發現小說獎的得獎人是施叔青、朱天心和舞鶴，散文獎的得獎人是林文月(《飲膳札記》)、簡媜(《紅嬰仔》)和我，而評審裡則有我當然仍未曾謀面的陳芳明老師。我當時的心情就彷彿看到一隻大紫蛺蝶，從林梢緩緩飄落。當晚我第一次，主動撥電話回家，告知父母得獎的訊息，因為當時他們從未鼓勵我往寫作的路上去。我在電話裡跟父親說：「我寫蝴蝶那本書得獎了。」父親當然不會知道我得的是什麼獎，從電話裡也感覺不出他是否替我感到開心，不過彼此掛上電話後，肯定都有些許激動。不一定是為了那本書，而是那短短的幾句話，因為，自念大學後，幾乎沒有獨自和父親說話過。一周後，父親就過世了。

這本書則活了下來。年底時它又獲得《中央日報》的年度十大好書獎，幾年後，裡頭的篇章在不少文學選本出現，有些還成了國高中或大學裡的教材，我自己則對這本書日益感到羞赧。一方面它在書店裡總是被放在「昆蟲」那排，而我書裡頭的昆蟲知識膚淺得很；另方面則是因為在野地愈久，愈覺得那本書裡的我，像極了第一次到溪邊的孩子，還不敢涉水、躺在溪底，或爬到大石頭上一躍而下，只是靜靜地坐在僅容屈膝的溪石上，靜靜地將腿伸入溪中，感受到溪床的質感，就眼眶潮濕地，貿然地對岸邊的人說：這真美好。

日後有一位譯者跟我說，《蝶道》裡的文章幾不可譯(於是至今《蝶道》只有一篇譯為日文)，但《迷蝶誌》親近多了。有些讀者也說，比較喜歡《迷蝶誌》的「輕」。前者顯然跟語言，以及語言後頭的「影子」有關，後者或許可解釋為讀者的個人偏好。不過我想，說不定是書出版以後，人生稍稍偏移了一些方向。因此雖同是寫蝶，《蝶道》與《迷蝶誌》卻是在本質上絕不相同的兩本書。

我是一個對讀者很不體貼的人，即使在幾年前，我仍拒絕幫讀者簽書。直到現在，除非是演講單位報賬需要，我也不和人合照，也拒絕站著被拍照。既不在報紙與文學雜誌上發表創作，出版新書時也不開發表會，甚至建議出版社取消所有的行銷活動節約經費。因為我認為自己只不過是一個喜歡寫作的人，理應就是默默寫作就好。只不過，後來我的職業，和投入的一些環境活動，都無法讓我「默默寫作就好」。

正如美國生態批評家史洛維克(Scott Slovic)所說的，這條道路，終究會出現多元地行動主義者(Polymorphously activist)。雖然自己還離那裡很遠，也不知道是不是「在路上」，但確實我的人生移轉後的風景，和「默默寫作」截然不同。

從決定要出版的那天開始，我一面說服自己出版新版的理由，一面也說服自己不要參與太多意見：如果執著於這本十年前的作品應該以什麼樣的形式再版，或許會讓它失去原本的面貌也說不一定。畢竟，稚拙、粗略、零散都已成為它的一部分了。我保留了原書所有的文字(修改錯處)，與當時的手繪圖(即使那些圖畫得實在不好)，照片則保留部分，更新部分。仍然堅持紙張和油墨的選擇必須對環境友好，封面的視覺設計概念則由我提出，經編輯認可。除了請劉克襄老師為它再寫一篇序外，我建議靜惠不必再邀請其他人或團體在書封上推薦這本書，畢竟自己對書市現今那種使用誇張標語與集體推薦的作法並不認同。除了這些顯得繁瑣的意見之外，我把多數的責任，交給了靜惠，也要特別謝謝她與美編黃子欽先生寬容我的想法和堅持。

那我拿什麼，給絕版後等待多年的讀者，表達微薄的謝意呢？靜惠認為可以做個別冊，於是我開始動筆畫《迷蝶誌》每篇文章的蝴蝶，這麼一來，就會跟後來《蝶道》所畫的那些黑白標本圖，有某種意義上的聯繫。

極少蝶會像標本所呈現的型態一樣，完全展翅示人。我將這批手繪，試著做成彷彿一個個的標本圖框，以為這裡頭有某些暗示。不用捕蝶、殺蝶就能擁有標本，這事只有畫畫做得到，攝影也不可能把蝶拍得跟標本的姿態一樣，這是當時還勉強算是年輕的我，唯一學到的事。也是在《迷蝶誌》中，我所解決的一個重要的自我困結。或許，也和我日後帶學生到野地時，所希望帶給他們的一些微妙物事，有某種程度的相關。

毫無疑問，《迷蝶誌》裡所寫的每一隻蝴蝶，都必然已經死去許久。而我仍然希望，某些物事，能就此一直存活下去。（二〇一〇年）

淡水河右岸

目次

迷蝶誌

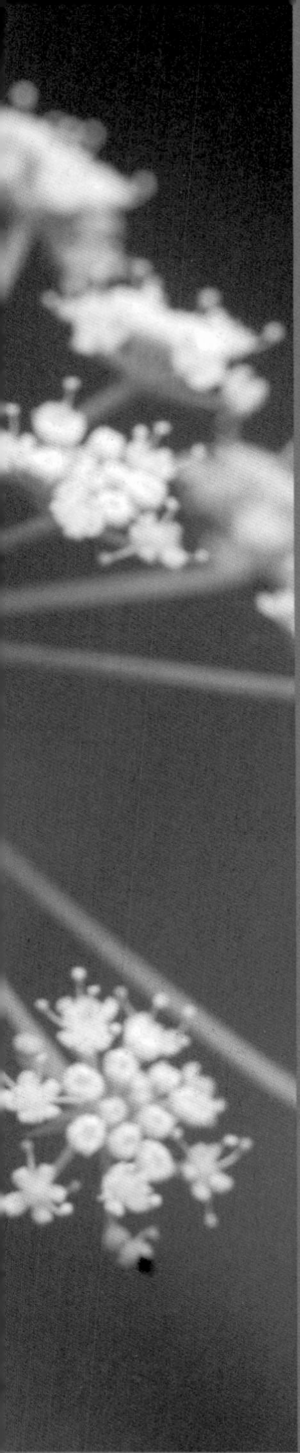

I.

當多數人醉心於解開基因密碼的同時，
許多生命在還未被解碼前，
已因生活場域的毀損而隨風逝去。

倘若人們真能逐步掌握創造生命的秘密，
將生命價值轉換為貨幣單位，
但卻遺忘與其他生命交往的能力，
終有一天，會寂寞地死去。

星點三線蝶　攝於蓮花池步道

寄蝶

我第一次看見大白斑蝶，並不是在野外，而是在溫室之中。溫室以白色細網圍成，兩邊是不銹鋼角架，分高低兩層，用來擺放馬櫻丹、大紅仙丹、繁星花等蜜源植物。網室頂以一支黃白色的太陽燈，一支藍紫色的植物培養燈規律地穿插著，以提供各層色溫。裡頭放了十餘種中大型蝶：大鳳蝶、無尾鳳蝶、青帶鳳蝶、大琉璃紋鳳蝶、琉璃紋鳳蝶、紅紋鳳蝶、端紅粉蝶、紫斑蝶、小紫斑蝶、青斑蝶、樺斑蝶、大白斑蝶等等。

網室中還擺放了馬兜鈴、爬森藤等食草，偶爾有機會看見蝶在上頭產卵。

我對這個溫室讚嘆著，數百隻蝴蝶在十幾坪的溫室中，就像剛冒出來的茶樹嫩葉隨採隨得，他們不必費心找尋蜜源解渴，也不必在森林中麻煩地辨認食草。老闆用略帶閩南腔的國語說，藉這次展覽，我們可以傳播保育的觀念，同時傳遞生物知識。

我興奮著自己彷彿魔術師，隨手就能擒拿薄翅天牛、獨角仙、台灣大蝗、兩點赤鍬形蟲，乃至身著棘刺，肥碩的長尾水青蛾幼蟲，或從土裡掘出仿如哥吉拉怪獸的鍬形蟲幼蟲。一群又一群的都市孩子以眼神讚嘆著、崇拜著，而我掌握了給誰摸、不給誰摸這些昆蟲的權力。

這裡是展覽館，昆蟲們就住在網室或水族箱裡，你只要花三百塊，就不用在陽光下揮汗如雨，去追蹤一隻琉璃紋鳳蝶的飛行軌跡。

大白斑蝶，可能是網室中族群數量最多的。理由十分簡單，大白斑蝶飛行緩慢，且不知為何，他對人似乎毫無戒心。多數時間，他們倒吊在網室上緣，合著翅膀冥思著。由於他們的翅鱗較少，不像鳳蝶這般容易破損，於是解說員常以食、中指挾住他翅翼的基部，以鉛筆將他蜷曲的

大白斑蝶　攝於蘭嶼

口器輕輕挑起，拉成一條長線，展示給參觀者，說「這就是口器喔，很像吸管吧。」或者找一隻紫斑蝶，用力一甩，雄蝶便會露出粉撲狀的鮮黃毛筆器（散發費洛蒙的求偶器官），以求嚇走敵人。小朋友圍著看，驚呼著、嘻笑著、興奮地不斷抽搐著鼻頭。

然後，虛弱的蝶被往上一拋，趕緊用腳再黏抓住網眼。

一個星期後，馬櫻丹因為思念陽光，而不願再開過量的花。任憑我們加重花寶的分量，也顯得極為憂鬱。我們不得不輪流將花盆用電梯運送到屋頂，讓他們和陽光會面。溫室裡的蝶瀕死或死亡時，翅翼破碎不堪，我們戲稱為「乞丐蝶」；這裡沒有蜥蜴、蜘蛛、螳螂、鳥類的攻擊，只有孩子們和他們的父母，為了拍一張蝴蝶停在身上的照片，用手指搜捕無處可躲的蝶。當然，還有我及其他的解說員，將蝶視為課本一樣隨意翻閱，讀後即丟。

蜜源不足，只好餵食。在封館時，工讀生們開始「採收」蝴蝶，放進大型捕蟲網中，然後再一隻一隻拉出口器，將其浸在稀釋的養樂多中。沒有體力，蝴蝶無法應付明天的展覽，也無法在觀眾面前，展示精神奕

大白斑蝶

蛺蝶科斑蝶亞科，是分佈在濱海地區的蝶種。這是因為北部濱海公路和南部鵝鑾鼻半島、蘭嶼等地海濱生長有其食草爬森藤之故。綠島的大白斑蝶亞種型態不同，後翅翼較偏淡黃，體型較小，稱為綠島大白斑蝶。是台灣斑蝶亞科最大種類，展翅約十至十二公分，白底黑斑，飛行緩慢而易於接近。

Idea leuconoe clara Butler

奕的舞姿。然而蝶仍然不願做溫室中，被豢養的寵物。每天早晨一到，我們的第一件工作便是撿拾滿地的蝶屍，以免引起參觀者的惡感。遇有少數翅翼完整的，便留下來做標本製作示範。

老闆終於下令宣導參觀者不得用手抓蝴蝶，理由是保護動物。有一位母親興致勃勃地第二度帶他兒子來「抓蝴蝶」，在勸阻下，氣憤地退票而去。她拉著孩子的手，說：「不能抓，還有什麼好玩的！走！」

我為自己及那位母親感到臉頰發燙，因為我知道老闆跟我們說的真正理由是，再這樣抓下去，這些蝴蝶根本撐不完一個月的展期。老闆數著蝴蝶的數量，像在憂慮著逐漸少去的鈔票。

幾天後，老闆到郵局領了個包裹回來。打開，是一疊一疊的三角紙。紙裡夾著一隻隻的大白斑蝶及各種青斑蝶。老闆說：專程找人到墾丁抓來的，還好來得及。蝶在被餵食後，逐漸恢復了驚嚇的意識，於是急急鼓翅飛去。但他們不曉得，自己的一輩子，即將被囚於這十幾坪的華麗牢籠。有的則毫無聲息，安靜地平躺著，長腳勉力微微地顫動。他們已經不需要餵食了，經過幾個小時的運送過程，他們更需要的是一口氧氣。但這裡不提供蝶的急救設備，病懨懨的蝴蝶也提不起參觀者的興趣，他們被安排製成單盒的新鮮標本，讓孩子們買回去當作暑假作業。

老闆找人做標本時，我像一個怯懦的士兵，找了一個便溺的藉口開溜。

為了不讓參觀者失望，老闆決定，大白斑蝶是唯一可以讓觀眾盡情合照的蝶。有一位出奇有耐心的母親，在女兒頭上、身上、口袋前停滿了十餘隻的大白斑蝶，記者拍下了，成為優良的公關照片。孩子們都喜歡大白斑蝶，因為他們不會像鳳蝶那樣機靈、遠遠地躲開。據說，賞蝶人因此稱他大笨蝶。

原來親近人類、不畏懼人類，其實是一種愚蠢的表現啊！

接下來的日子，我便遠離蝴蝶區和昆蟲區，只願待在標本區解說。台灣黑蟋蟀的水族箱裡，四處都是斷肢殘骸，仿如戰場；台灣大象鼻蟲有時張開翅鞘一飛，便撞上那只控溫控光，有時還會造霧以平衡濕氣的生態箱的玻璃上，發出響亮急切的敲擊聲。我忍住了，不替他開門。

星天牛總是立在枯木上，想念雨季。適才羽化的杜松蜻蜓，遺忘了自己會飛行特技，對著燈光思索著翅膀的意義。大白斑蝶則沒有機會用他的超大翅膀，順著風流滑翔，只能被迫停在孩子的衣服上，讓閃光燈灼痛複眼。

展覽近尾聲，老闆便開始將翅翼殘破，卻仍未結束生命的蝶，從展覽館的窗口丟出去。高樓的強勁風切，將他們瞬間捲到數十公尺之外。我從窗口看出去，多數蝶已失去駕馭風的本能，像一只摺壞的紙飛機，朝下緩墜。另一個解說員說，一定有人奇怪，台北市區怎麼會出現大白斑蝶？

我的眼角，有一種酸楚湧了上來。

當兵時，第一次在恆春古城樓附近看見高高飛過的大白斑蝶。他幾乎沒有鼓動翅膀，就由風充當嚮導，帶他到任何地方。後來到了蘭嶼，由於羊群不甚嚼食，在東清海邊的林投樹與岩石上，爬森藤成群地對著海瞭望著，因此非常容易可以遇到待產的大白斑蝶，就在你的眼前，宣告她當母親的喜悅。另一頭，白鳥般的大白斑蝶，毫不費力地騎在風頭上，從百公尺以上的蒼綠山上輕飄飄地以特別寬大的翅翼，詩一樣地滑翔而過。

藍得如巴哈平均律般沁涼底天空，為大白斑蝶的白色舞蹈協奏。

我想，這才是真正的大白斑蝶，而不是被羞辱的大笨蝶吧。

在東清海邊的林投與岩石上，
爬森藤成群對海瞭望，
因此非常容易遇到待產的大白斑蝶
宣告她做母親的喜悅。

最近因為螢火蟲熱，許多地方開始展覽螢火蟲的一生。人們沾沾自喜夏天的夜重新眨眼，卻忘了當初是誰捏熄他們的尾光。賞蟲者帶著手電筒，卻粗心地未帶上濾紙；參觀者拿著一袋零食，在展覽館中閒晃，他們又有誰真心願意與黃緣螢交往？不過是如同與大白斑蝶的合照，視為一種驕傲的炫耀品而已。

我們一面選擇主觀判斷下美麗的生命進行召魂，一面繼續使用免洗餐具，用十瓶保特瓶的水量，沖刷我們的排泄物。然後在周末，去觀賞一場人類「保護」生命、「恢復」環境的成果展覽？如果螢火蟲不是帶著讓我們懷念的美麗記憶之光漸漸熄滅，而只是屬於「猥瑣」蜚蠊目的一種，我們還願意還給他們清淨的水域嗎？

這些問題，多年前被夾放在三角紙，悶在紙盒中郵寄了七小時的大白斑蝶，已經質問過我。

我雙手顫抖，無能回應。

也許有一天，我們將模特兒用大型包裹寄往展覽場，他們才會有切膚的體悟吧。

雄紅三線蝶（雄）　攝於惠蓀林場

寂寞而死

當我與M背著富源溪離開時，正是陽光在一天中強烈宣誓這是熱帶的時分。

從這條通往森林保護區的道路到能搭數個小時一班的公車站牌，徒步大約需要一個多小時。從一群樟樹的蔽護下走出，自行面對陽光，我深深地憎惡著這條五米寬，冗長而又患有少年禿的產業道路。

這時大約是在農民曆上被稱為「穀雨」的時分，所謂「斗指癸為穀雨，言雨生百穀也。時必雨下降，百穀滋長之意。」漢族的農民嘗試將氣候的軌跡詳盡地記錄下來，然後依循這個記錄，向老天討一口飯吃。這是被生態學家稱許的東方智慧，萬物生長，必有其時，方能「用之或不盈」。曾幾何時，水庫、化學肥料、除草劑、生長激素與基因工程顛覆了生長的定律，作物生長的時間愈來愈短，體型愈發愈肥碩。土地像一位終年生產卻無暇休養的母親，正將她的生命活力，竭力地奉獻給土地上高壯油綠的人工作物。

子女總是粗心地忽略了，母親正在快速衰老的事實。

這趟二天一夜在始終霧雨濛濛的富源溪，只記錄了十八種蝴蝶。雨水使得春天剛剛暖起來的土地又打了個哆嗦，但南台灣的蝶還是比北台灣早幾周醒來。溪畔石子灘旁，我們遇到了在微雨中輕飄飄地飛行的雄紅三線蝶雄蝶；在樟樹林的頂端，青斑鳳蝶在枝葉間與一群綠繡眼快速穿梭；林地的邊緣，是有如一枚枚掉落在地上鮮豔胸針的紅邊黃小灰蝶；而執拗地擋在林間小徑不許侵入者前進的，是不可理喻的琉璃蛺蝶。

富源溪的樟木林已被政府規畫為水土涵養林區，並設置森林遊樂區。雖然我對每個森林遊樂區一進去總要設置個人工花園與累贅的體能運動區感到煩厭，也對將漫步於森林視為一個可買賣的經濟物品感到不安與不快，但我仍然不得不勉強接受，在生態價值仍未被全民視為最珍貴的資產前，森林遊樂區或許能使森林因他所能產生的觀光經濟價值，而獲得些許刀下留樹的殘喘時機。減緩原生森林死亡的速度，我們才有機會在喚醒更多人類尊重森林前，讓生命找到重新開展生存的機會。

然而森林死亡的速度，總是快過人類貪婪的死亡。

一九九九年巴西失去的熱帶雨林，相當於一個夏威夷的面積。這樣的速率將使一百七十二年以後，熱帶雨林成為一個歷史名詞。或許之後人類科技可能再造一個像是蠟像或是虛擬實境的熱帶雨林遊樂區，供人玩賞。然而宛如一切不可複製的人類文化榮光，沒有人會珍視塞尚的複製畫，甚過塞尚一筆一刀，將靈魂鎖封於自然風光線條中的原作。

雄紅三線蝶也是一幅不可複製的風光。

未料到離開富源溪的那天，陽光毫不客氣地逼我們脫去過於溫暖的春衣。我和M都很想任性地留下來，但在城市生活太久，身上已被城市下了蠱。我們被迫，要一步步走在這條通往公車的醜陋柏油路上，要一步步走回只會製造金錢與疲憊的城市。

M的發現，卻使我們在這條宛如荒漠的道路旁發現甘泉。

由於道路兩旁已被積極開發為檳榔園、蕉園與菜田，所以天空便顯得廣大起來。固定距離排列的人工植株沒有能力遮擋陽光，道路上的柏油被蒸煮出一種腥味。

而在道路旁一畦未經整理，叢生禾本科與蕁麻、苧麻植株的地方，M看見了細蝶。不是一隻細蝶，是一群細蝶，不是一群細蝶，是一部宛如細蝶生命史的影片正放映中。有著半透明絹質般翅翼、身材纖弱的細蝶，在片頭出現。他們從遠處Zoom in，仿如直撞你的眼瞳似地飛來，那是一個震撼的主觀鏡頭；緊接著你沿著芒草的曲線往上追蹤，入鏡的是斑斕的蛹，鏡頭逐漸靠近，直到能讓你看清蛹體所顯現出的頭、腹及已經顯色的翅翼，你會發現，細蝶以一種瑜珈的姿態在塑造飛行器。一個個相距一段距離倒懸的蛹，像是草株垂下的豐美穗籽。

鏡頭在搖動，在搜尋，在感受，在期待，在驚嘆。

那是宛如錦蟒的蠕動。

數百隻細蝶全身佈滿肉棘，色澤鮮豔的幼蟲，彼此擁抱、並臥、交纏、疊沓，讓人感到一種神秘的恐怖。

雄紅三線蝶（瑙蛺蝶）

蛺蝶科，是少見的低山帶蝶種。中部、東部山區較多，南部較少。雌雄差異極大，雄蝶翅背面呈深橙色，具有三線蝶的黑斑；雌蝶是黑褐色，有一般三線蝶式的黃褐色斑。展翅約七至七・五公分。

Abrota ganga formosana Fruhstorfer

生存的過程，往往不是完全的美麗。細蝶的幼蟲以苧麻、蕁麻等無毒食物為食，他們無力抵抗獵食者的刀叉臨身，只得選擇虛張聲勢。也許他們發現多數具毒性的蛾類幼蟲，總是披著一身鐵棘甲衣，便也替自己弄了一套。但這卻不足以保證自己的安全，仿冒者總要提心弔膽，自己的把戲被揭穿的一天，尤其是面對那些從未嘗過苦頭的「菜鳥」。於是細蝶幼蟲想出了另一個把式，在攝食或休憩時，都群聚在一起，遠望肖似大型爬蟲的斑斕，以恐怖嚇退捕食者帶給他們的恐怖。

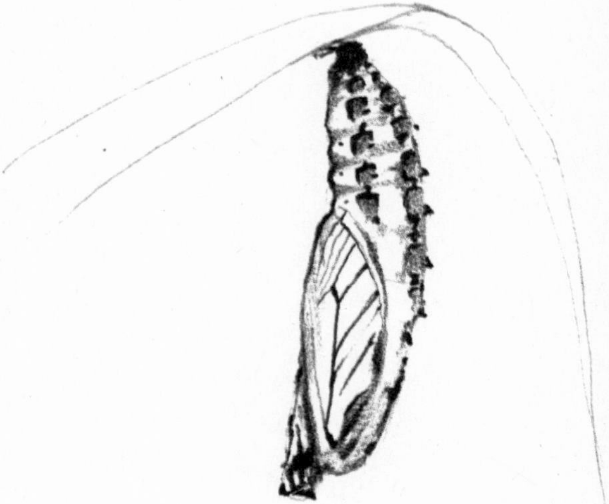

初生林地的苧麻、芒草上，往往可以看到細蝶的蛹，像是垂懸的豐美穗籽。

這是群體的鬥爭，沒有一隻細蝶的幼蟲能置身事外。

陳玉峰先生在一篇名為〈勘查棲蘭檜木林枯立倒木〉的文章中，提及已故的柳榗教授的一段話。柳教授說，他終於明白何以檜木林採伐地上保留的紅檜母株，總是很快地死去，他說，

他們是寂寞而死。

母岩、碎石為主的裸露地，因高濕促成苔蘚與草本植物先期搶到陽光，留下空氣帶來的少量土壤。這給了扁柏落子的機會。扁柏幼株以接近的身高並肩成長，他們親族間相互遮蔽、相互屏風，相互輔助深根鑽岩，為彼此製造下一代與其他植物得以攀附的薄土層。扁柏的盤根，緊緊抓住每一分泥土，並瓦碎硬石，不知經過多久，終於成為巨木林。

人們來了，人們發現了神木，人類習慣將挑戰神、挑戰自然，視為自我肯定的淬煉；人們無視為神啟、無視於其他生命的權利，當利益近在

眼前的時候。於是巨木林倒了，人們憐憫地留下母株供奉為神木，以為紀念，以為炫耀，以為誇功。

終於，沒有親族共同禦風的神木，難以抵抗山脈隨時可能發生的強風，含恨傾圮。

陳玉峰先生以細膩的推論，將巨木的死亡歷程重現，這是一部有著悲傷節奏的虛擬記錄片。檜木(紅檜、扁柏)並沒有被自然判決失去生存的權利，反而是近二億年以來，檜木在台灣，掙得了生存權。當檜木在中央山脈成林的時候，作為人類的哺乳類前身，也許還沒有出現。巨木群有他們生存在這片土地的智慧與能力。

但當人們決定拍賣巨木，供奉神木時，神木只好為那些死去的親族而殉死。對檜木來說，億萬年的歷程，是檜木群生存的集體鬥爭，沒有一株檜木能置身事外，成為孤獨的神木。

失去親族的檜木寂寞地死去，想必失去親族的細蝶，也是同樣的心情吧。一隻三至五公分的細蝶幼蟲，倘若無法和親族合組成一條鮮活的錦蟒，身上那些中看不中用的道具，被捕食者拆穿的機率要大得多。二億年前毛翅目已漸漸發展分支出鱗翅目，與現今蝶類相似的種族，至少在一億年前已然形成。細蝶的生存智慧，是無數祖先以身試練的經驗積累以成。他們懂得生存無法孤獨的真理，比人類要早得多。他們懂得與食物間形成一種「彼長我長，彼消我消」的同向傾斜，也比人類「彼消我長」的鬥爭智慧要高明得多。在細蝶生存的萬年時光裡，苧麻並沒有被逼著走向滅絕。所謂植物的「蟲害」，在人類發明這個名詞之前，從未存在。

那是一九九七年，在我和M離開富源溪時，細蝶以軀體所展示的秘密。

直到多年以後，我慢慢領略到細蝶除了秘密外，所昭示的另一個預言。

在我們興建核四、濱南工業區、七輕、八輕、美濃水庫時，其實未

細蝶（苧麻珍蝶）

蛺蝶科，又稱苧麻蝶。分佈台灣全島低山帶，但北部較多，南部較少見。幼蟲成蝶均有群棲的現象，通常在其食草(蕁麻、苧麻)附近，即可觀察到其從卵、幼蟲、蛹到成蟲的各階段生態。產卵數量驚人，展翅約五至六公分，翅型較長，很好辨認。

Acraea issoria formosana Fruhstorfer

能把殺害土地、殺害其他生命的成本列入算計，未能把我們子孫將失去的，其他生命的友誼和他們直接間接的蔽護納入算計，我們會誤以為，舒適的生存，是多麼便宜的事；只為人類籌畫的生活美景，是多麼愜意的事。

也許我們會繼續信仰科技，信仰基因工程、信仰被自我催眠、神化的人類，那麼，有一天，

人類終會寂寞地死去。

細蝶　攝於池南

十塊鳳蝶

我坐在野銀部落唯一的麵店裡，吃著一碗四十塊的陽春麵。並不是嫌貴，只是這碗用開水和煮熟的麵泡起來的，清淡無比的麵，讓我這張被台北養成重口味的嘴，深感食之無味。要不是老闆問要不要鹽的時候，我和M異口同聲說要，這碗麵恐怕更難下嚥。

朗島國小的校長正好帶著一本台灣海域的魚類圖鑑準備向老闆請教，由於我們叫了麵，店裡狹促，遂決定先離開一下，想必是有許多魚的謎題待解。

「校長常常來找我，因為那個海裡面的魚，國語的名字和蘭嶼話的名字不一樣，校長來問我蘭嶼話的名字。」老闆說，他年輕時可以潛入海中十分鐘以上。我有點不相信，但還是敷衍地讚嘆一番，老闆瞪著他的大眼睛，像是看穿了我的不老實。我以懷疑的語氣問他真能認得圖鑑中的每一種魚？那本圖鑑裡的魚種，恐怕比蘭嶼島上的人數還多。

「每一種魚都有名字，蘭嶼的名字。」老闆自信地說，那種口氣有一種莫名的力量將我的疑慮制服。

關於魚的名字，我想起了夏曼．藍波安在《八代灣的神話》中所提到的關於達悟人飛魚的傳說：

> 傳說中由於達悟人吃了飛魚而生病，於是飛魚的領袖黑翅膀遂託夢給達悟人祖先石生人，自稱為Alibangbang，二至六月是他們飛臨蘭嶼的季節。黑翅膀告戒達悟人必須尊重飛魚，不能將飛魚與其他漁獲混煮。他並與石生人約定在海岸與其他魚類相會，一一介紹魚的名稱，及對待他們的方式。

這是一場奇妙的，魚對人的自我介紹。

這是達悟人將魚分為「好魚」(wuyod，是所有人都可以吃的魚)、壞魚(ra'et，只有男性能吃的魚)、老人魚(kakanen no rarake，只有祖父級男性才能吃的魚)的典故吧？達悟人甚至將魚分為特別適合孕婦、哺育幼兒中

珠光鳳蝶（珠光裳鳳蝶）

典型的熱帶蝶種，和分佈南台灣的黃裳鳳蝶極相似，但珠光鳳蝶僅分佈在蘭嶼。蘭嶼全島均可見，朗島、東清附近較易觀察，但數量不多，習慣高飛。展翅約十至十三公分，前翅黑色，後翅在陽光下皆呈動人的珍珠色澤，雄蝶尤其鮮明，現已列入保育。幼蟲食草是卵葉馬兜鈴、港口馬兜鈴等。

Troides magellanus sonani Mastamura

的婦女食用的魚；將做父親的男子，及家裡有幼兒的父親所食用的魚；以至男童、女童、做了祖父的老人家食用的魚。

達悟人簡直是離不開海的鯨豚。

北赤道洋流帶來了蘭嶼的生命依靠，達悟人對待海洋及海洋生命，或許，就是他們認識自己的方式吧。

我將珠光鳳蝶的形容告訴老闆，一種黑色翅膀，後半部有著神秘金黃色珠光的蝶。老闆點了點頭，說：「到處都有，到處都有。」他用極大的動作比著，補充地說：「你知道他們的孩子吃什麼嗎？在樹上，一種在樹上的藤……。」

這是我第一次，聽到有人用「孩子」來指蝴蝶的幼蟲。

一下二十人座的飛機，在等待民宿主人周牧師的時候，就遠遠地看到跑道旁的鬼針草上，揹著一道虹彩飛行的琉璃帶鳳蝶。琉璃帶鳳蝶與烏鴉鳳蝶是近親，或許是蘭嶼這個山地雨林(mountain rain forest)的熱情，他的綠色物理鱗片顯得更加浪費而無節制地成為翅上的裝飾，與紫色斑輝映成一種野性的華麗。

一路上，特有的毛脛蝶燈蛾的數量，遠遠超過台灣紋白蝶，成為道路兩旁隨時可見的伴遊。這種蛾不但進食，而且比蝶更迷醉花蜜，有時一頭栽進，就像沉入深沉的夢境。他們也是少數夜晚不受燈光蠱誘的蛾。玉帶、紅紋與大鳳蝶偶爾勾引我們的眼光，然後拋棄我們躲入林中。這裡，琉璃帶是主旋律，其他的鳳蝶是和聲，海風則用林投樹數著節拍。短暫的一個多小時，我們並沒有遇上珠光鳳蝶，太陽便幾乎把所有的蝶哄了回家。

珠光鳳蝶一度以每隻十塊的代價售給台灣人，周牧師說：所以叫十塊鳳蝶。

隔天一早，我們從野銀出發，往東清村的方向騎去。一分鐘後，遇上了第一隻珠光鳳蝶。

不是粉蝶少女般的輕盈，不是斑蝶時而優雅、時而迅捷的善變，不是蛺蝶疾速而又囂張地巡航，不是蛇目蝶奇詭底跳躍姿態。當珠光鳳蝶從蘭嶼藍得驚人的天空振翅而過時，我和M都以為那是一隻鳥，但恐怕沒有鳥的尾羽，有那麼耀目的、陽光都幾為之黯然的金黃。據說歐洲有一種鳥翅蝶屬的鳳蝶，翅翼將近三十公分，因此曾經被當作鳥而遭到獵槍射擊。

我只希望我能成為林投樹頂端，一枚恰好在適當角度探頭的葉，靜靜地看她，在海灘邊一小塊林地末梢攀附的港口馬兜鈴上，彎起尾柄，留下卵嗣。然後，看著海風一路相送他們回紅頭山。當我和M從高仰角調回水平的視線時，我們都從泛著光的眼神裡接收到彼此的快樂，一種宛如自己曾經飛行的快樂。

十分鐘後，我們看到另一隻雄蝶。

在一個多小時的等待後，我和M決定暫時離開，因為島上不只珠光鳳蝶的存在，對我們來說，與紋白蝶聊聊也是值得珍視的友誼，我無法想像失去紋白蝶的田畦，蔬菜們生長得是多麼寂寞。那天在往朗島的路上，我們還遇上了大鳳蝶、姬紅蛺蝶、黑脈樺斑蝶、小波紋蛇目蝶、蘭嶼黑挵蝶、琉球小灰蝶、琉球紫蛺蝶以及從異地移居而來，宛如驚嘆號的綠斑鳳蝶和黃裙粉蝶。

我以相機和在攝氏三十度下的琉球紫蛺蝶及姬紅蛺蝶，搏鬥了近一個小時。

這是蘭嶼、熱情的蘭嶼啊。

林熊祥先生在《蘭嶼入我版圖之沿革(附綠島)》的研究曾經提到，達悟人和漢人大約從清同治年間開始接觸。在中國還未警覺到巨變即將來臨的光緒初年，清政府曾派代表，攜帶布疋、鐵器、瑪瑙珠、火柴、糕餅等訪問蘭嶼，獲得島上四處可見體型迷你的豬隻、粗放的羊群、小規模墾植的芋田與野生的椰子作為回禮。這些在被達悟人視為財富象徵的物產，在中國眼中自是極為輕賤。也因此，漢人移民的遷居地圖裡，或許根本沒畫上蘭嶼。這其實是一種幸運，那段時間蘭嶼得以獨自面對太

琉璃帶鳳蝶（翠鳳蝶蘭嶼亞種）

是烏鴉鳳蝶的蘭嶼亞種，是台灣相近種類中，色澤最為華麗的。在蘭嶼島上，遠比其他鳳蝶更常見，多緣路旁飛行。展翅約十至十二公分，與烏鴉鳳蝶的相異處，在其金綠色鱗斑呈現帶狀，如銀河般散佈在黑絨色的前後翅翼上。幼蟲食草是山漆樹。

Papilio bianor kotoensis Sonan

平洋，撫養著這群約八百年前，從菲律賓北部巴丹群島移居至此的海的子民。一八九七年，那是馬關條約訂定後的第三年，著名的人類學家鳥居龍藏接受東京帝大的派遣，乘著輪船「打狗丸」，穿過黑潮，來到蘭嶼。鳥居可能因為島上居民自稱「我們」(yamen)，於是便將這群溫和的住民，稱作雅美人。鳥居的研究本尚稱順利，但不久發生了帳篷火燒的意外，助手中島藤太郎燒傷而死。長老前來弔祭，說：天上的繁星是 mata mo anito，人死後就增加一顆星，中島先生的靈魂也變成了一顆星……。

mata mo anito，意即死者的眼睛。

鳥居可能想不到，有一天這群被他稱為「武陵桃源的人們」，將與供應台灣明亮夜晚的核廢料同居。一九八八年二月二十日，蘭嶼島上舉行了第一次反對核能廢料場的遊行，那天夜晚的台北，想必也正燈火輝煌，光彩絢爛。

而蘭嶼漁舟上刻的「舟眼」，靜靜地望著大海，像一個沉思者難以入眠。

琉球紫蛺蝶
（幻蛺蝶）

是低山帶的中型蛺蝶種類，雄蝶與雌紅紫蛺蝶雄蝶甚為相似，但其前翅腹面有明顯白色斑紋。雄蝶有強烈的地域性，常盤據草叢附近的高枝。雄蝶前後翅各有兩個紫色物理鱗斑，雌蝶後翅則無。幼蟲食草是桑科的榕樹、旋花科的甘藷、錦葵科的金午時花等，展翅約六至七公分。

Hypolimnas bolina kezia Butler

我與M回到住處時，周牧師熱情地問我玩得愉不愉快，我興奮地告訴他，珠光鳳蝶從我頭上飛過的姿態。和麵店老闆一樣，周牧師也不識得「珠光鳳蝶」，但他知道，後翅發出珍珠光彩的美麗蝴蝶。聽完我的描述，他恍然大悟地說，啊，你說的是十塊鳳蝶。

十塊鳳蝶？

是啊，十塊鳳蝶。以前抓來賣給台灣人，一隻十塊嘛，所以我們叫十塊鳳蝶。周牧師解釋。

日本人和漢人到來以後，帶進了貨幣，也改變了達悟人的思維。財產原來不只是豬、羊或是水芋田，還有萬能的錢。當一隻與達悟人共同守望海域的珠光鳳蝶被賦予「十塊」的經濟價值後，他的飛行便不再自由。標本商以十塊驅使達悟人捕蝶，然後以百倍的價格，賣給都市人或外國人作為牆上的裝飾，他們用肥油的手指著，多麼美麗的蝴蝶啊！

五十年代，當蘭嶼設有離島監獄時，曾為搜捕逃犯高金鐘而縱火燒山；六十年代，一張張十元紙鈔，換走一隻隻珠光鳳蝶；七十年代，中

珠光鳳蝶(雄)　攝於蘭嶼青青草原

藥商為了供應馬兜鈴根，告訴達悟人，挖掘不一定要栽種。於是，珠光鳳蝶選擇黯淡。

文明是一條誘惑的蛇，它帶給達悟人的禮物，是宛如圈索的環島公路，緊緊勒住珠光鳳蝶的咽喉。

周牧師說，現在不抓了，不會有人抓了。

我和M到蘭嶼的時候是papatou(國曆四月)，patou是釣線捲軸的意思，這意味著，飛魚隨著黑潮，飛臨蘭嶼了。我和M則試圖在短暫的三天裡，去認識這個無論走到哪裡，都有草蟬歌頌陽光的島嶼。

我們多次，經過專門為運送核廢料建築起來的紅頭碼頭，那裡的海水，被水泥阻擋，而無法吻到蘭嶼的土地。核廢料場外是整個環島公路中，最平坦的路段。這裡是都市光亮燃燒後灰燼的墳場，是惡靈(anito)聚集之地，沒有一株樹，願意為它遮擋陽光。

在我拿著相機和琉球紫蛺蝶搏鬥的草叢附近，有一座精神堡壘，被噴上「誓死反核」。也像睜著的舟眼，望向海洋。蘭嶼島上的任何物事，都望向海洋。

離開的前一天，我們又到麵店去吃麵。老闆剛從機場回來，他問我們哪時候訂的機票？Ｍ說，過農曆年後不久就訂了。老闆邊下麵邊說，難怪，我都買不到機票，每天到機場去補位，都補不到。我要帶我兒子的女兒去台北，她留在這裡，每天吵死了。

老闆被遊客困在蘭嶼了。二十人座的飛機，負載的大多是到蘭嶼度假的觀光客，他們到了之後，重要的目的也許是找尋穿丁字褲的達悟人拍照。當政府禁止用十塊錢購買珠光鳳蝶，文明人便嘗試買點別的，比如說，可以炫耀的一個海島假期。

我和Ｍ默默地，吃完「清湯煮麵」，一碗四十塊。

界線

鹿野忠雄在一九二六年曾進行一次縱走埤亞南鞍部的蝶之旅，留下這樣的記錄：「最初在太平山俱樂部與神代谷之間的森林裡看到時，以為是在做夢。後來在埤亞南斷崖、突稜的闊葉林中發現，並採集了兩三隻；埤亞南鞍部的草原上也飛舞著。當他從綠林中以『桃色之夢』的身影飛出時，那真是台灣昆蟲景觀中絕對不能錯過的一幕。」

鹿野的「桃色之夢」，便是曙鳳蝶。

據說鹿野因為對台灣的高山族與高山因研究而產生深厚的感情，因為過分耽溺於森林，幾乎無法從台北高等學校畢業。當遇上曙鳳蝶時，鹿野必然誤以為沉重的登山背包成為輕盈的翅膀，所以不禁以「夢」來描摹那種難以言喻的美感。但當他已採集到曙鳳蝶，再次在鞍部草原看到

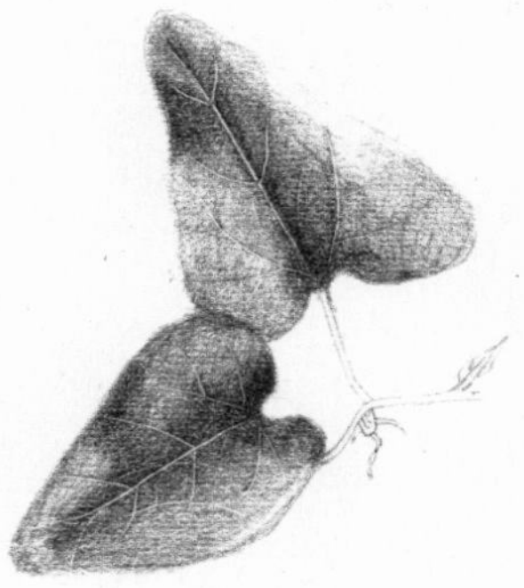

被鹿野忠雄稱為桃色之夢的曙鳳蝶，以琉球馬兜鈴為食草。

這種有著桃紅後翅，彷彿別著一蕊桃花飛行的美麗蝶種，他仍然以為這是一場「桃色之夢」。那是一九二六年的蘭陽溪縱谷，夢一般的台灣土地。

如果要感受一場「桃色之夢」，你必須要往海拔一千五百公尺以上，流動著清涼空氣的中部山區走去。當冷空氣望山下侵襲時，偶爾我們能在較低海拔的山區「闖進」夢中，那是曙鳳蝶偶一為之的越界行動。曙鳳蝶是台灣高山蝶台灣特有種中，較易見到的種類，但這並不影響到他引發人們驚嘆聲的魅力。七、八月間的梨山、太魯閣，只要不過分專注於拍排排站的紀念照，路旁的有骨消上，就能讓你重溫鹿野的桃色之夢。在四季模糊的台灣，曙鳳蝶像是藐姑射山中的仙子，「不食五穀、吸風飲露」，在高山上。

只是人們為了讓梨山養育高山水果，漸漸放棄了與曙鳳蝶共入夢境的權利。

曙鳳蝶拒絕被人帶到平地豢養，因為他們的幼蟲並不適合多雨溽熱的

曙鳳蝶

是溫帶蝶種，分佈在台灣中部約一千五百公尺至二千公尺的高山上，梨山是不錯的觀察地點。展翅約十至十三公分，前翅黑色，雌蝶色澤較淡，後翅靠腹部外緣呈現桃紅色，是台灣特產的蝶種，現已列入保育。曙鳳蝶有一種特殊的麝香味，是拒絕天敵的策略之一。幼蟲食草是馬兜鈴、琉球馬兜鈴、港口馬兜鈴等。

Atrophaneura horishana Matsumura

平地。幼蟲選擇在沁涼的季節成長，溫暖的季節綻放。對他們來說，溫度就是一種生命的節奏、生命的界線。

而琉璃紋鳳蝶的生命界線，卻仍是一個秘密。

大琉璃紋鳳蝶與琉璃紋鳳蝶的身分，直到一九六〇年，白水隆才初步揭開，他認為大琉璃紋是琉璃紋鳳蝶的亞種。這兩種在外型上幾乎完全相同的蝶種，卻毫無混棲的現象。也就是說，當你遇到大琉璃紋，你就幾乎不可能在同一個棲地遇到琉璃紋鳳蝶。根據張保信先生的研究，他們大致以斜斜地縱走過台灣北部的淡水河流域為界，南方的空域是琉璃紋的，北方是大琉璃紋的。他們的食草也極相近，大琉璃紋是芸香科的山刈葉，琉璃紋則廣泛攝食芸香科中柑橘類植物。

然而蝶的翅膀往往否認了這種以河為界的經驗論判斷，沒有人敢肯定，身旁款款而行，隨著陽光撫觸的角度而呈現偏藍或偏綠調的翅翼，是屬於琉璃紋還是大琉璃紋的。

我在烏來和經常觀察的桃園山區，只要天氣不致太差，常可以遇到體

大琉璃紋鳳蝶（琉璃翠鳳蝶）

是平地至中海拔山區的蝶種，分佈在台灣北部台北、桃園、宜蘭、新竹等地。展翅約八至九公分，前翅黑色，後翅有藍綠色物理鱗斑。如果大琉璃紋鳳蝶確定是琉璃紋鳳蝶的亞種，那即是台灣特有亞種。在分佈地區的山間森林邊緣，或沿著溪谷，均不難見到。幼蟲的食草是芸香科的山刈葉。

型及前翅綠斑與烏鴉鳳蝶相近的大琉璃紋，當他蛇繞高飛在樹冠間時，抬頭望去，往往將他的身形誤為烏鴉鳳蝶。正當仰視的脖子感到痠麻的時候，他卻陡然降低高度，以獨特的琉璃斑，撐開我還留有樹冠殘影的疲憊雙眼。我幾乎可以嗅到，他撲撲鼓翼所引動的風流，帶著夏季的味道。

我曾在一次單車旅行北海岸的路上，拾撿到一隻近乎完整的大琉璃紋鳳蝶，只有後翅尾端和腹部破裂。當時他躺在馬路上，任聽車輪從他身旁粗魯地輾過。我不懂這隻應該是剛擁有羽翼的大琉璃，為何就如此這般無聲無息地倒斃在馬路上，來往的車輛也不知道。或許，他只是正在馬路上，享用方才天雨未乾的一窪水罷。在任何一條接近樹林的馬路，你總能看到各種被壓成瀝青狀的動物屍體，最多的是黃昏開始出來歡唱的蛙族。他們在趕赴一場歌唱比賽時遭受不明所以的意外，歌聲在輪下嘎然而止。蛇類也是常見的亡魂，他們的屍身被數噸的汽車，輾成一種絕望的圖騰，還保持著動態前進的姿勢。這讓我想起在紐約往紐澤西的公路上，樹立的那些「小心麋鹿」的路標。我的朋友告訴我，他的叔父曾撞死一頭，只好塞到後車廂中，帶回去與親友分享一頓麋鹿大餐。

在汽車發明之前，人們不懂得什麼叫車禍，蛙、蛇、麋鹿、大琉璃紋鳳蝶也不懂。

我從來不去計較遇到的是琉璃紋或是大琉璃紋，除非他們願意，用餐時打開翅膀讓我這個陌生人分享他的愉悅，讓我張慌地記憶琉璃紋的辨認特點。所以我只能根據研究者給我的經驗法則，判斷在台北、桃園、新竹、宜蘭遇到大琉璃紋的機會極高，除此之外，理應就是琉璃紋吧？但誰知道，不會有一隻頑皮的琉璃紋，流浪到淡水。

畢竟，他們的生命界線，似乎不像曙鳳蝶那般有跡可循，而是一種神秘的契約。就像烏頭翁與白頭翁之間，就像紅紋鳳蝶與珠光鳳蝶之間。他們契約中所設下的生命界線，恐怕是讓生物學者皓首耕耘而不悔的魅惑吧？

事實上，所有生命理應都存在著界線。一片足夠面積的草原，只能提供一個獅子家族的獵捕；一株豐美的山刈葉，也只能給予相當數量的大

琉璃紋鳳蝶
（台灣琉璃翠鳳蝶）

是平地至中海拔山區的蝶種，分佈在台灣中、南部，直達恆春半島，是熱帶地區的常見蝶種。展翅約七至八公分，前翅黑色，後翅有藍綠色物理鱗斑。和大琉璃紋鳳蝶的差異在：(1)後翅藍綠色斑分割的翅脈紋路較明顯，(2)接近腹面翅緣的藍綠帶較粗，(3)後翅藍綠色斑不像大琉璃紋呈現圓弧狀。在中、南部低山區，是不難相遇的蝶種。幼蟲食草多是芸香科的柑橘樹、飛龍掌血等。

琉璃庇護。偶爾生命會以改變基因，來挑戰生命之界。我想，只有人類以能力以「智慧」拆除、崩解這種生命界線吧！我們以工具超越了大地所擬定的契約，當印度宣誓第六十億人口出現時，亦暗喻了這種能力的驕傲與可怖。大地有限，但擁有更高手段、更先進工具的人類族群，還能夠用各種方式擠壓出維持他們高品質生活的利基。於是，即是你是那個「幸運」的第六十億人，出生於印度的子民，仍然極難與加拿大、歐洲的子民享有同等的資源。

大琉璃紋的主要食草是**山刈葉**，琉璃紋則廣泛攝食芸香科中柑橘類植物。

問題是，為何其他人或生命，就必須選擇退縮自己的生命界線？

當多數人認為電力不可或缺時，少數人就被迫收下一筆「回饋金」，承擔核電廠的夢魘；當多數人認為一條快速道路可以十五分鐘到淡水，少數人就必須失去午後在河道旁漫步的悠閒。何況，我們開一條道路、建一座電廠、築一堵水壩，從來沒有問過蛙、蛇、麋鹿、大琉璃紋鳳蝶的意見。道路、水壩、電廠，並不提供其他生命生活上的便利，但卻帶給他們，生命基因中從未教導過如何躲避的災難。

生命的界線被抓緊利益的人群扭曲成，一柄殺人自裁的利劍。

撿拾到車禍而死的大琉璃紋鳳蝶那天，我和朋友騎著單車，從汐止北溯基隆，沿著金山、野柳、萬里、取道淡水迴遊台北。當經過核電廠前那座如同跨越海線的大橋時，我彷彿看見遠方的海面，界線在漸漸消逝。

曙鳳蝶　攝於梨山

II.

我常想，上帝應該並非專為人們創造柑橘樹，

薄翅天牛與柑橘鳳蝶，難道就不是上帝的子民？

而被人類豢養，身懷劇毒孤獨站立的柑橘樹，

恐怕也失去了，

和天牛與鳳蝶幼蟲搏鬥後而生存下來的驕傲吧？

柑橘鳳蝶　攝於台北指南山

死蛹

I.K.突然對昆蟲產生了興趣。

就像一天早上起來，突然間發現自己患了魚尾紋一樣，怎麼也擺脫不掉了。他買了圖鑑，但卻面臨遇不到昆蟲，而即使遇到了，也辨認不出來的挫折。

在台北，真沒有辦法，只有蟑螂和螞蟻。他站在捷運站的裡頭，隔著出口處的及腰圍欄對我說。票卡潛入票閘，刷一聲地從另一邊探出頭來。這是劍潭站，據說是模擬一艘龍船的造型，由於出口就在船的下方，遠望列車就像是被人潮擁簇著航行一般。

是沒經驗吧，像沿著圓山的登山步道走，隨時進入旁邊的林地，一個早上就可以幸運地看到十種左右的蝴蝶，我說。其實，更重要的原因是，我們習慣面對人，不習慣面對其他生命，於是，即使就在旁邊，也感受不到他們的存在。

更根本的理由是，台灣一萬多種的昆蟲，就算拿著完整的圖鑑，不瞭解棲地、氣候、地型，不熟悉昆蟲本身的分科分屬，當然辨認起來就像拿著畢業紀念冊在台北市找一個小學同學一樣。

遇到一隻鞘翅目的昆蟲，拿出厚厚的圖鑑來翻，還沒翻到他便飛離視線，或裝死(當然，嚴格來說，那不算「裝」死)掉落到怎麼翻找也找不到的草叢裡。當昆蟲已離開視線，蹲在那裡的好奇的I. K.，視網膜傳到視丘的殘影漸漸顫抖地氤氳開來，終於只留下一個空殼似的輪廓。那是一隻美麗的瓢蟲呢，最後通常只能下這樣的籠統結論。或者，便是迷失在他們翅鞘上的奇妙地圖。即使蟲兒就靠在圖鑑上，自動與同一屬的朋友展示類比，不知解謎關鍵的I. K.，依然只能「猜」謎。所謂昆蟲專家與老手，長期以來也都被台灣烏鴉鳳蝶、烏鴉鳳蝶；琉璃紋鳳蝶、大琉璃紋鳳蝶；楚南三線蝶、江崎三線蝶的相似身影愚弄著。

何況是畢業後，始終在工作上鑽研人類消費心態的I. K.？

你看，捷運站這麼多人，如果有一個你的朋友夾在人群中，你光靠背影可能就能認出他，那是因為他是朋友的關係。認識一個朋友本來就很難，但是認識以後，就很難忘記了。我說。

我看到他眼光閃了一下。回去後他買了雙筒望遠鏡、附燈的觀察放大鏡。對一個保險公司的行銷人員來說，圖鑑上那些六隻腳的生命，真是一個全然陌生的宇宙，一個令他心跳不已的宇宙。

不久，他便拋了一個訊息到留言版上，說家裡的四季桔樹上，發現一個蝶蛹。

我知道這對剛接觸昆蟲的人，就如發現了新慧星一樣的緊張。I. K.每天上班前，都走到鐵窗架上的花盆前，像望著星空的孩子注視著那枚懸在枝幹間的，青綠色蛹。直到感覺應不致於錯過她的羽化，才放心地去上班。

我回拋了一個訊息，準備去拍那個蛹，那個無意間讓一個生命感到緊張的生命。那天另一個朋友Larry也一起去，I. K.的家是典型的城市住宅單位，在一群擋住陽光的高樓裡，圍著一簇一簇的園藝植物。桔樹是在二樓的陽台鐵窗旁，有機會接近更多的陽光。

那是大鳳蝶。正在等待著飛行的羽翅，還緊緊地縮在那個有片青綠腹斑，彷彿一片新鮮芽葉的蛹中。蛹旁周遭的葉片有著顯明的囓痕，這說明了幼蟲應該不是長途旅行而來等待羽化的。何況，桔樹這麼孤獨地，伸展在高樓中。我仔細地翻找每一片葉背，並沒有發現其他的卵和幼蟲。

懷著身孕的大鳳蝶，在城市中搜尋可能延續生命的葉脈，偶爾發現一株食草，該是興奮得難以言喻罷。因為，下一株能讓子孫攀附的生命根源，又不曉得在幾里之外。據說，飛行到城市繁衍的雌蝶，常常帶著滿腹的卵力竭死去，因為，對找不到食草的蝶來說，無妄地生產下一代，只不過是讓幼蟲飢餓而死。她們是這麼固執地，不願改變大地賦予她們生存的依賴，即使這些依賴，已經被人類以貨幣計量單位轉換為私有的價值。

大鳳蝶

是中、低山帶蝶種，台灣最易見到的大型鳳蝶，全台、離島皆有分佈。展翅約十二至十五公分，前翅黑色，雄蝶後翅墨藍，有絲絨光澤，雌蝶後翅則有白、紅斑紋，但變異甚多，大致分有尾型與無尾型兩大類。在蘭嶼的大鳳蝶色澤鮮豔，常被誤為紅斑大鳳蝶。幼蟲食草是柑橘類植物，尤其是柚子樹，是都市亦常見的鳳蝶。

Papilio memnon heronus Fruhstorfer

那麼，這枚蛹，也象徵著某種幸運呢。

大鳳蝶是少數同性異體的蝶種。他的雄蝶總是像穿著藍黑絨禮服的紳士，而雌蝶則是花俏多樣的晚禮服。不但分為有尾型與無尾型，連後翅紅白斑都至少有八、九種的變異，對他們來說，沒有膚色的歧視問題。

I. K.說，這樣在野外不是很難判斷？我說，你不會因為我穿了另一套衣服，就認不出我吧？當然，這是一種善意的安慰謊言，我不希望I. K.一開始，便產生辨識上的恐慌症。

我用近攝鏡頭逼近她，在觀景窗裡，讓眼睛撫摸她細緻的紋理，從頂角到尾端。赫然我發現，在蛹的側面，竟有一個直徑約為一釐米多的小黑孔，周遭像是瘀血一樣，喪失了青綠的生意。

這是一個死蛹。

I. K.取了剪刀，將那截枯枝剪下。你的意思是她已經死了嗎？我還每天等著看她變成蝴蝶，上班前都要來巡一遍呢。

某種寄生蜂或寄生蠅，在這隻大鳳蝶幼蟲期就將卵注入她的體中。被寄生的幼蟲仍努力地啃食著葉片、蛻皮、成長。直到終齡的最後一次蛻皮，她仍抱著飛行的希望，以蛹的姿態懸在枝幹上，緊張地等待體內最危險的一次革命。除了毒蝶，靜止的蛹期並無能與天敵進行一場公平的追逐，只能祈禱演化萬年的偽裝術，能使她們安全地展開翅翼，幸運地獲得戀愛的恩賜。I. K.發現的這枚大鳳蝶，卻是在幼蟲期即已確定了她無法擁有翅翼。寄生蜂在她的蛹化期成熟，並奪取衰弱的大鳳蝶最後一絲養分，最後吐出酸質溶解蛹，拋棄失去生命前，還一無所知的寄主。

她已經死了，在她生命剛開始的不久就已決定。

懷著身孕的大鳳蝶，
在城市中偶爾發現一株孤獨的四季桔，
該是興奮得難以言喻罷。

幸運，也有可能是很快就失去的東西。據說南美有一種蜂，雌蜂將卵產在他們的食物——一種蕈類上。當這些卵孵化時，幼蟲便開始囓食自己的家。令人不願相信的是，雌性幼蟲卵巢的卵也會在不成熟的母體成長、甚至孵化，於是這些幼蟲便以母體為家，也以母體為食物，甚至從掏空的母體中湧出，與上一代爭食殘存的蕈。在多代的競爭下，被當作食物的蕈和蜂本身都所剩無幾，只有少數的強悍者能存活下來，飛往異地尋找生機。這種蜂族群的生存，其實建立在殘酷的資源爭奪上。留存下來的蜂當然是極幸運的，但這隻幸運的蜂能將子孫衍續多久？當賦予蜂生命的蕈類難以找尋，就有愈多的蜂以母體為食物。

I. K.和Larry，靜靜地看著手中那隻死蛹。我還以為那個黑孔和周圍的變色是她本來的斑紋咧。I. K.說。

和蜂比較起來，或許這隻未羽化的大鳳蝶還是幸運得多。她畢竟是懷著某種夢想，或者說信念，死去的。這使得懸在枝幹上的蛹，隱隱有著

大鳳蝶（雄）　攝於陽明山

大鳳蝶(雌)　攝於永和

一種飛行的姿態。

Larry說今年春節時他去看了黑面琵鷺，一路上都是攤販，可以觀看到琵鷺的附近，除了烤琵鷺，大概什麼都有賣。我想當濱南工業區、七輕、美濃水庫都建好的時候，這些攤販就會改賣黑面琵鷺紀念馬克杯，或者淡黃蝶T恤、手提袋。

人類，大概會以一種沒有夢想的姿態，囓食自己而死去吧。

我的朋友I. K.迷上了昆蟲的時候，正好是春雨開始淫漫的時分。這表示一個月後，我應該可以帶他到城市之外，見識到一個早上輕易地遇到二、三十種蝴蝶的林道。我的朋友I. K.迷上了昆蟲，並且發現自己體內的某種力量開始蛹化的時候，也許就是從一枚死蛹開始的。

陰黯的華麗

如果你想站在一個看得到台北市的地方遭遇蝴蝶，我想在四獸山是不怎麼困難的地點。

大都會似乎都有著強烈的趨光性，像是恐慌黑夜。尤其是台灣，有一些外國朋友，總是讚嘆台北的不夜謎咒——「像是能一直燃燒一樣」。我從高中開始住到士林。沒錯，就在士林夜市裡。當商店打烊熄滅霓虹的時候，炒羊肉、知高飯、海產粥帶著暖意的燈泡就接著為街道打光，通常他們熄燈的時候，豬肉攤、菜攤和早晨叫賣童裝的貨車已經等著接手。從我們客廳的窗戶看出去，從來沒有真正地深夜過。

一直燃燒，總有某種物事會化為灰燼罷？

從象山望過去的台北，是正在成長的城市，而因為空氣的關係，我們

棕櫚科的植物常被用來做為庭園的佈置，也因此紫蛇目蝶偶爾住進了城市。

的視線總是伸展不到另一邊的地平線。我從未在這裡看過不夜的台北，但多次在大屯山及陽明山上看過滿城燈火。

四獸山的步道這幾年鋪設得相當完善，幾乎可以讓你腳不沾土地走完這四頭伏在台北東方的山獸。這些腳不沾土的遊客，總是帶著手提音響、西點麵包來這裡，黃昏再回到不夜台北。我常覺得，對他們來說，山間的生命與環境，都是為他們周休二日安排的賞玩郊遊而存在的吧！但四獸山的生命力，仍然安好地藏匿在沒有道路的所在。那裡通常必須經過陰黯的林地，隨時有蚊蚋針刺撩起難忍的搔癢，鞋底要感覺到苔蘚抗拒踏踩的滑力。

即使不抬頭，你知道紅嘴黑鵯就在樹冠上群聚，成群的綠繡眼，像裝了感應器的箭矢一樣，鑽過相思林。而在林地下層，四處可見的棕櫚科植物上，你總能發現紫蛇目蝶的幼蟲。

不是你的眼光太敏銳，而是他們太耀眼。頭部的突狀肉角、黃綠色的蛇形身軀，像是穿上雨衣般地搶眼。由於他們的移動極度緩慢，當我將鏡頭貼近時，似乎看見的是一個定格。森林的底層，因為他的出現而逐

紫蛇目蝶
（藍紋鋸眼蝶）

蛇目蝶科，分佈於全島低山帶，離島亦可發現。是極美麗的中型蛇目蝶，幼蟲以棕櫚科植物為食草，所以在都市中也偶爾可見。成蝶喜吸食腐果，但也訪花採蜜，展翅約六至七公分。

Elymnias hypermnestra hainana Moore

漸明亮起來。

紫蛇目蝶其實是屬於陰黯的蛇目蝶科。蛇目蝶科似乎就被認定是畏光的，甚至有一種腐敗的氣味。他們靜靜地停頓在濕地上吸水，或是在爛熟的果實上享受發酸的果汁。我從來沒有嘗試過以尿液誘蝶，大概是不能忍受近距離看著其他生物，吸吮著我體內排出的廢棄物吧。

蛇目蝶科多數沒有印象中「美麗」的色調，且多數是近似枯木的焦褐，因此我想對蛇目蝶科成蝶食物的描述，顯然帶著對他們外表的聯想偏見。像林地邊緣熱烈的草花，就常常可以見到小波紋蛇目蝶和台灣波紋蛇目蝶。紫蛇目蝶也有時，和鳳蝶爭食著汁乳豐富的扶桑花，以及熱烈歡迎夏季的金露花。但多數時候，他們喜歡停憩在樹幹上思考。合翅時，就彷彿一片乾渴的枯葉；但當他們展翅時，翅背的紫色物理斑，就像鑲嵌琉璃的水車堵，典雅而耀眼。那是一種緣自於陰黯的眩目色澤。

台北市在前後兩任不同黨派市長的推動下，夜間是愈來愈明亮而華麗了。燈會的時候，行道樹被高溫的燈河燈海所燒灼，人們則愉悅地爭相推擠觀賞對植物的燒烙酷刑。而著名的大型建築，也被強制規定要以各

紫蛇目蝶　攝於老阡坑步道

色燈光展現風姿。我還記得第一次同步點燈的晚會，市長的手接觸到象徵性開關的剎那，不同地點的高大建築，轟然一聲地驚嚇黑暗。也許市長沒有考慮過，支持不夜台北的電力，是核分裂後，歷經繁複的電纜而來。之後，還必須有核廢料偷偷運到蘭嶼、或者第三世界貧窮子民的國度。

那也是一種陰黯的華麗，不，應該說是，華麗的陰黯。

三月在四獸山看見多次紫蛇目蝶的幼蟲，那時樹林剛從連續近月的陰雨裡醒來。我沒有遇到任何一隻紫蛇目蝶的個體，但我知道，四月就能發現在陰黯的林層中，華麗的紫色翅翼。

那是不用將其他物事燃燒成灰燼的一種，生命的發亮姿態。

忘川

接近午夜的時分，電話扯著我頭皮歇斯底里地尖叫起來。大熊略帶鼻腔共鳴的聲音透過電傳銅線，讓我耳朵受到嗡嗡的音波的搔癢。

我也不曉得為什麼啊，他說。

對於大熊無助的聲音，我清楚地瞭解，自己幾乎是一點忙都幫不上的。愛情是這麼微妙而難解的程式，目前還沒有人像牛頓一樣替它找到一個定律。對一個局外人來說，失戀者只是想找一個錯不在他的理由。

我上星期還打了幾千塊的越洋電話給她，突然間，就打電話跟我說要分手了。她那麼遠，我現在打電話她都不接，不曉得為什麼啊。

我也不曉得。

媽的，打給你一點用都沒有。

我一度排斥走離人工的石砌登山步道，轉進樹與樹手牽著手，讓出來的一個個神秘甬道。因為我知道，一趟走下來，我的汗味與上升的體溫，將使蚊蚋朝我擁來，毫無顧忌地將我視為難逢的午宴。他們縱使冒著生命危險，肚子裡流滿溫暖的血液而死去，也有一種飽足的幸福感罷。我厭惡油膩還帶著人工香料味的防蚊液，阻撓皮膚讓空氣撫摸的機會。有一陣子則矛盾於是否要用手掌將他們拍裂，把自己的失血索討回來？因為我信佛的朋友P說：他不過是吸你一點點血，你何苦要他的性命？

但我終究不是能捨的羅漢菩薩。我想，蚊蚋們也會同意我以手掌跟他們戰鬥，而不是化學武器。

然而要看到中大型的蛇目蝶，總不可避免要走進樹林。

蛇目蝶是蝶中個性較為陰沉的一群。他們第一對足退化，飛行力強勁且軌跡多變。發現蛇目蝶的偷懶方法，是不斷地走，當他們被驚起時，

玉帶蔭蝶
（長紋黛眼蝶）

蛇目蝶科，是分佈極廣的低山帶蝶種，除低溫月外皆可發現，以北部較多。性喜陰暗，嗜腐果、樹汁、動物屍體，有地域性，黃昏時的活動力較強。雌蝶前翅有白色寬斜帶，雄蝶則為茶褐色。展翅約五至六公分，前後翅亞外緣有不規則眼紋斑。幼蟲食草為禾本科的各種竹子。

Lethe europa pavida Fruhstorfer

用你的雙眼作為追蹤雷達，千萬不要輕易眨眼。因為他們往往和樹木談妥了契約，植物們已將顏色借予他們塗裝在翅腹上。這使得他們多數時間冷靜、專注、如一位入定的禪者，在某個陰黯處望著一株草沉思。但相較其他偽裝者，蛇目蝶算頂機靈，他們不會入定到離魂喪魄，槁木死灰。當你進入警戒範圍，他們會從你意想不到的方位遁飛而去。竹節蟲則不然，只要你有足夠的耐心，直到你快將鏡頭撞到他們身上，他還是伸長了前足，完全以為自己已經是一截樹枝，正等待春天來拉拔新芽。因為對這類動作遲緩的偽裝者來說，行動反而可能招來危機與死亡。

蛇目蝶通常不會飛遠，就在目光能及之處，冷冷地與你對峙。對他們來說，我是連電鈴都沒按，名片都沒遞，就打擾他們禪修的闖入者。在與我保持距離後，他們往往用未退化的四條腿緩緩地旋轉身軀，以巨大而深邃的複眼，帶著斥責的目光瞪視著我。那時我總感到，有一尾涼颼颼的爬蟲從我的脊椎末尾往上攀繞。

我承認我被那種詭秘而略帶恐怖的眼神深深地蠱惑，一再地，往樹林的深處走去，而忘了蚊蚋刺吸口器的銳利。

J的聲音，表示了她的雙眼很有可能微腫著。她說，能陪我講一下電話嗎？五分鐘就好？

J的男友是攝影家，像所有不甘手中的機器只為了拍美女或婚紗照的攝影者一樣，他們酷愛花時間流浪，花更多的時間待在暗房；花錢蒐購器材，花更多的錢將片顯影出來。但總是希望婚姻來得愈晚愈好，甚至不要出現。J花了四年的時間，嘗試去扭轉這個習慣用觀景窗去看世界的男友，但顯然她失敗了。

我像不存在於電話的這頭，聽了J五十分鐘。

她的嘆氣聲從話筒的那端沉墜而來，配上一句略帶文藝腔的台詞，誰叫我總是愛上，這種所謂有才氣的人呢？

威尼斯畫派的顛峰畫家提香(Tiziano Vecellio)曾經以畫筆講述過宙斯(Zeus)與歐羅巴(Europa)的故事。畫中腓尼基王國的公主歐羅巴正側仰躺在宙斯化身的白牛身上，像朝著遠方陸上的女伴們求援或告別。這樣的

玉帶蔭蝶　攝於八仙山

姿勢，使她健美而豐潤的肉體充滿了動態的線條，青春的色澤。天空有持著弓箭的愛神，海潮中則是另一個騎著魚背的愛神，他們都用著調皮而又帶著祝福的眼神注視著白牛與歐羅巴。事件的起因即是他們將愛神之箭射中宙斯，使這位風流天神無法自拔地愛上歐羅巴。而宙斯為避開妻子的妒意，並希望鬆馳少女的戒心，遂想出一套周延的詭計來誘惑少女。他以她的天真為攻擊點，化身為白牛走進歐羅巴與她的女伴。

當歐羅巴不自禁地撫摸著美麗的白牛，白牛便冷不防將毫無墜入情網準備的她載進無邊無際的海洋，回過神來，歐羅巴已經被載到另一個大陸。宙斯在此獲得了她完美的身體。當歐羅巴開始憎惡那頭誘惑、劫奪她的白牛，直欲折斷他精巧的牛角時，維納斯出現告訴歐羅巴這一切都是天神宙斯的安排，她「幸運」地成為宙斯的情婦，大地將以她命名。那塊宙斯與歐羅巴雲雨之地，就是現在的歐洲。

畫中歐羅巴的肌膚，流動著著名的「提香色」，就像豐美結實的稻穗。金黃的高貴質感，使得遠方的彩霞幾乎被我們的眼睛遺忘。雖然許多知名畫家都畫過這個充滿激情、神秘與浪漫氣息的故事：佈修、謝羅夫、克洛德……，但只有提香畫中，那雙白牛的宙斯之眼，緊緊地盯著觀畫者。

散發出一種暴烈、詭秘、溫柔又冰冷的氣息。

蛇目蝶中體型較大，一走進樹林就能遇到，而能夠迅速喚出名字的，恐怕是玉帶蔭蝶，和相似種波紋玉帶蔭蝶罷？玉帶黑蔭蝶雖散居各處，但屬少數民族，結識多少要有些運氣；深山玉帶蔭蝶隱居雲深之處，鮮少迎接俗客造訪。於是，在假期被緊縮到只有一天的時候，在我腦中預期的大型蛇目蝶，總是玉帶或是波紋玉帶，再不然即是蛇目蝶中，擬態斑蝶的白條斑蔭蝶。

玉帶蔭蝶，總勾引我想起提香，金黃色的歐羅巴，和宙斯詭秘狡黠的眼。

當我第一次在石門附近山上，撿到衰老得斜立在地上的玉帶蔭蝶時，我的腦中既未出現提香色，也未出現任何浪漫的神話想像。可能是雨水與陽光最善於在生命的軀體上留下老化的註記，他的鱗粉已殘存無幾。

白條斑蔭蝶　攝於台北

後翅上的稜角，未被磨平，而是裂分為齒狀，宛如蒲扇。我能夠想像，午後驟雨在重力加速度下化成一支支利箭，讓他不及閃躲；樹蜥以耐心換取來的全力撲擊，不亞於虎羆；闖入人面蜘蛛連雨都打不散的精妙陣法，只好用全身的氣力掌握難得的一絲破綻；何況，還有專門狩獵的鳥群。

她是一隻雌蝶，而她的翅膀，已經衰老得無能違逆地心引力。

我一開始尚且小心翼翼地拉近彼此之間的距離，但當我按下快門後就發現她已無能逃避任何一次致命的攻擊，包括我無禮的騷擾。她一次飛行前進的距離，肯定不及一旁一隻體型纖細的赤蛙一次躍進的長遠及勇猛。這時赤蛙卻咯一聲提醒我：她也曾戀愛過哩！

是啊，路過的綠繡眼插嘴，她也曾戀愛過，在幾周以前。以她鱗翅的氣味讓雄蝶只會朝向她的方向前進，她的飛行曲線性感而挑逗，即使暗褐的翅翼，也如同閃耀著眩目的金黃。她也曾戀愛過，一株老成的孝順竹見證，她就是將她的子嗣託給我的啊！

那時唯一可以吸引她的，是雄蝶一搧一闔時，翅腹亞外緣那排精神的眼。

過了很久，我才在無意中發現，玉帶蔭蝶的種名，正是歐羅巴(Europa)。

被白牛載往大海的歐羅巴，後來為宙斯生下三個兒子。不知是否是過分暴烈的愛情影響了歐羅巴的情緒，其中邁諾斯與雷達曼塞斯都成為陰府的判官。他們冷靜、漠然而相信有絕對的標準，能將死去的靈魂一一分類。枉死的、做惡而死的、戰死的……傳說中的「哀悼原」，就是在陽間失戀心碎的人，死後的歸宿。

我常常懷疑，歐羅巴算不算是戀愛過的人？在提香的畫中，她顯然並未給予那頭破浪的白牛宙斯，一個熱情的擁抱。她的雙腿雙手微張，倒像如果她能像愛神們一樣飛行的話，她會毫不猶疑地飛回腓尼基。

宙斯給歐羅巴的照顧是，以她命名那片大地，以她的兒子掌理冥府。如果有一件事稱為「愛情」的話，歐羅巴是否會得意於她所得到的？或者，歐羅巴的愛情，其實是給了那頭眼神溫柔，又帶著狡黠，讓她欲折角而後快的白牛？而當白牛重新化回天神宙斯的身分時，金黃色的愛情已然黯淡。

玉帶蔭蝶又是在什麼樣的因緣，繼承了歐羅巴之名？

是因為她翅腹上那一排，不論你站在什麼角度，都瞪視著你的眼紋？還是她前翅斜走，如月紋的白斑(傳說中宙斯化身的白牛，額上就有一道月型紋)？

據說每個將從冥府轉世的靈魂，都必須喝下冥府交界處的忘川(Lethe)之水，藉以讓他們抹卻前世。那些從「哀悼原」而來的靈魂，願不願意用這裡流動的洗滌記憶之水，讓他們因愛情而破碎的前生，付諸東流？還是仍舊希望保存那種刺痛痠麻的錐心之感，以免(或希望)下輩子再蹈覆轍？

過了很久，我才在無意中發現，蛇目蝶中原來有一個龐大的屬族，名曰忘川(註1)。

玉帶蔭蝶的戀愛由孝順竹見證，並將子嗣託給他。

我時常羞愧於自己總無法將我的朋友，拉出「哀悼原」。我總是不知所措，甚至有時聽他們的抱怨，感到昏昏欲睡。我想我頂多像邁諾斯，給予一個自以為是的判決。

當大熊與J打電話給我時，我很想告訴他們關於歐羅巴和玉帶蔭蝶的故事。一個愛情操縱在他人手裡的美麗女神，與一種以女神為種名，以忘川為屬名的蛇目蝶。我不曉得歐羅巴若仍為凡人，當她死後將轉世之前，她願不願意喝下那瓢忘川之水。忘卻腓尼基，忘卻健美的白牛，忘卻至高無上的天神宙斯，忘卻愛神射中宙斯的那柄箭？我不曉得。

玉帶蔭蝶的愛情顯然簡單得多，他們飛行、戀愛、產子，而後衰老、死亡。如果有屬於玉帶蔭蝶的忘川的話，我想他們想痛飲而忘的，是唯一會將森林換算成金錢，而火焚、斤伐的人類。對玉帶蔭蝶來說，沒有森林，就沒有愛情，沒有森林，就只能墮入「哀悼原」。

我有時一個人，蹲在竹林間，等待倏忽離去的玉帶蔭蝶再回轉。我從未使用尿液，或腐果欺騙他們接近我。我只希望，他們願意讓我在一尺左右的距離，與他們眼神相接。

註1

Lethe屬
台灣擬黑蔭蝶（巴氏黛眼蝶）
雌褐蔭蝶（曲紋黛眼蝶）
深山蔭蝶（柯氏黛眼蝶）
白尾黑蔭蝶（大幽眼蝶）
玉帶蔭蝶（長紋黛眼蝶）
阿里山褐蔭蝶（孿斑黛眼蝶）
深山玉帶蔭蝶（深山黛眼蝶）
大玉帶黑蔭蝶（台灣黛眼蝶）
玉山蔭蝶（玉山幽眼蝶）
波紋玉帶蔭蝶（波紋黛眼蝶）
鹿野黑蔭蝶（圓翅幽眼蝶）
玉帶黑蔭蝶（玉帶黛眼蝶）

所有Lethe屬的蛇目蝶們，都有一種陰暗而孤獨的特質，一種介於哲學家與巫師之間的特質。當他們消失在林中時，我總是恨為何身為嗅覺、視覺與聽覺都如此駑鈍的人類，竟無法察覺到他可能正在我背後的冰冷眼神。因此，在進入林中，尋訪蛇目蝶的過程中，如走入黑甜鄉，往往等我回神過來，時間已蛇般滑溜而走。而黃昏時的玉帶蔭蝶或Lethe屬們，並不像其他已找尋到過夜處的陽光蝶種已隱匿，卻還在更深處的林間誘惑著我。

我突然似乎有點領悟到，愛情、歐羅巴、忘川之間的微妙線索。

大熊現在看來安然無恙、工作如常；J則在最近，將與新戀人結婚。如果有一天，他們又困於「哀悼原」，被邁諾斯緊緊看守住，而打電話給我的時候，我也許會說：走罷，我們去忘川。

在森林裡。

學習睜開眼睛

「學校裡有蝴蝶嗎？」

「有啊，怎麼沒有，從九月到十一月我看過的就有十四種，一定還不只。」

同學的表情像懷疑的狐狸。

事實上，校園裡的蝶數雖然不多，但台灣鳳蝶科中最大型的大鳳蝶時常可見。幾乎只要是晴天，氣溫不致到讓人套上薄外套就有機會和她偶遇。不知為什麼許多人看不到這展翅十餘公分的巨蝶？是把全身漆黑的她當作顛倒晝夜的粗心蝙蝠？或以為是藍墨色翅的飛鳥？

或者，根本未曾睜開眼。

校園中另一種絕對能引人目光的蝶種，是蝶類中的向日葵——孔雀青蛺蝶。她展開的前翅是不起眼的暗褐色，而後翅則呈現逼人的濃藍色光澤。強烈明亮反差，加上後翅渾圓的眼紋，細膩與張狂並列的構圖讓人想起傳統戲劇的臉妝。她總在向陽空曠草地上現身，逼視眩目的陽光。

而當她合翅時，翅腹面的枯葉紋便遮掩住穠豔色彩，隨即隱身入蒼茫草海中。直到腳步逼近，才因我的侵入而懊惱地掉頭離開。然而她總是在不遠處又停下回過頭來，始終與不熟識的我維持一段距離。

我們總在固定的距離之外，刺探彼此的聲息。

根據濱野榮次博士的觀察，她是產卵在枯枝或石塊上的。這也使得她的幼蟲食性成謎，總不可能是吃石頭或枯枝吧？至今尚未有一位或一組生態觀察者，能日夜監看石塊或枯枝上不動聲色的生命，而追蹤到她的食源。

孔雀青蛺蝶總在空曠草地上現身，追視炫目的陽光。

人們在許多地方仍在嘗試睜眼。

對人們來說，兩種雙子葉植物的初芽是極難分辨的專業課題，然而對蝶來說則是庸人自擾。她們用與生俱來的嗅覺與感官，準確無誤地抓住叢林裡支持生命的第一根浮木。植株和幼生昆蟲們形成蹺蹺板，美濃黃蝶與鐵刀木的爭戰便是教材。每年鐵刀木樹幾乎都要被黃蝶幼蟲「消滅」，卻又在隔年來春重新伸展枝葉，迎接另一個黃蝶祭的大發生。只有人力所製造的偉大水庫，才有足夠力量擊毀這種動態平衡。

我常想，當我們指斥對柑橘樹進行環狀剝皮的薄翅天牛為害蟲時，似乎已將自己視為造物主。上帝似乎並非只為人類創造柑橘樹。天牛與柑橘鳳蝶，難道不是上帝的子民？單替人們生產豐美柑橘而被豢養的樹，恐怕也漸漸失去在叢林裡與天敵搏鬥而生存下來的驕傲吧？他們身上塗抹劇毒，於是便只好孤獨地站立。並再也無法感受到，當一隻嘴饞的綠繡眼將他們的子嗣遺落在泥土上時，那種傳續生命完成的快意。

孔雀青蛺蝶，顯然還努力地保守她傳遞生命的秘密。我無意也無能揭

孔雀青蛺蝶（青眼蛺蝶）

是低山帶蝶種，也是散佈在台灣和離島地區的常見蝶種。常在草坪上沉思，平展翅翼接受陽光。當他把翅膀收起時，卻又有擬態枯葉的效果。展翅約五至六公分，後翅末端有大眼紋，前翅翅緣亦有兩枚眼紋，但眼紋常隨氣候發生變化。雄蝶具有華麗的藍紫色。幼蟲食草可能是爵床，但仍不甚確定。

Precis orithya orithya Linnaeus

發。對我而言，能在女舍前草地和她相遇，已是幾天來最大的驚喜。這使我坐在修剪整齊的草地上，還能幻想某處綠意中，她的下一代正在等待時機。

在校園裡我記錄下與孔雀青蛺蝶的數次豔遇中，都是獨自散步的哲思者。對她們我不必像對紅紋鳳蝶般謹慎地跟蹤，因為在短時間內她極少離開踱步的這片草地。只是偶爾有台灣紋白蝶誤闖，她們進行強悍驅離時，會稍稍離開領空。

我時常狐疑為何文學院裡那叢穠豔的馬纓丹極少有蝴蝶造訪？或許是在四方都是水泥圍牆建築裡進食，容易使她們消化不良吧？習慣大草地廣闊視野的孔雀青蛺蝶，是無法在那麼小的草地花叢裡任性舞動雙翅的。

學校裡有蝴蝶嗎？

在來往於一餐與各學院之間高聲談笑的同學眼裡，我不過是獨自蹲在初秋草地上的傻瓜。

孔雀青蛺蝶　攝於東眼山

斯氏紫斑蝶　攝於台北

野桐開放

台灣黑星小灰蝶，是從野桐花苞開放出來的。

遇到台灣黑星小灰蝶，通常是有著幸運金黃色的午後。你必須從路旁顯得慌亂的沖繩小灰蝶群裡，找到一旁佇在較高草花上出神的她。後翅腹面上，那五個星佈圓黑點，使得她容易與其他的小灰蝶辨析出來。那是她背負的胎記。

然後就望著她錦扇的翅翼，弧狀開放的淡青色出了神。

我至今無緣看到她的幼蟲的姿態。據說她們通常以大戟科的幾種植物為食草，像一尾無翅的蜂，把頭部潛入攝食野桐的花穗、花蕾。但成蝶並不難發現，在低山帶森林緣線的叢草間，她們都不吝惜從我們的眼角掠過。比起如同一群孩子玩鬧的沖繩小灰蝶，她的性格更早熟了點。如

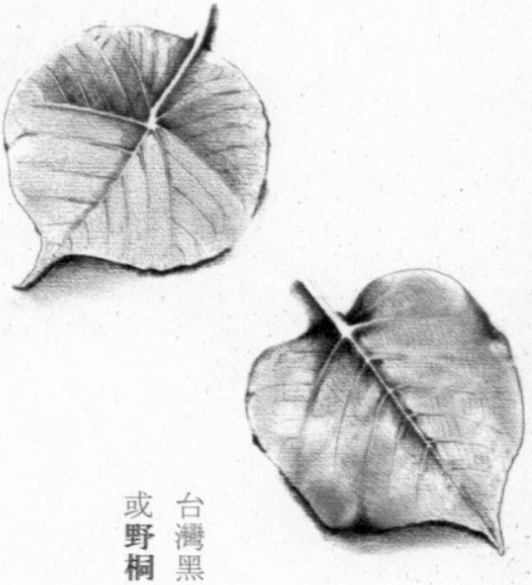

台灣黑星小灰蝶以**血桐**（左）或**野桐**（右）的花苞為食。

果不留意地走過林地邊緣，常被沖繩小灰蝶的圓弧飛行吸引，而漏失了她們更顯耀目的翅背。其實，在低處發現她們是頗為難得的，或許是因為，她們習慣飛得較高，卻又不如綠小灰蝶屬那樣傲然地不屑陰暗，厭棄人群。

沒能發現她們，只是我們習慣了從我們的高度看世界，卻極少抬起頭來，注意到樹梢附近，那些僅僅三、五公分的華麗寶石。

每回發現她，不知道是心理錯覺還是真實，我總感覺聞到野桐花那種隱藏得近乎不存在，卻又讓嗅覺無法忘記的香氣。或許，因為她是「吃花」長成的緣故吧。過去我們總要以為所有的蝶都是食葉度過幼蟲期，一如我們以為蝴蝶就必然是訪花的美麗女子，卻忘了佔有極其多數的蔭蝶與蛺蝶，更迷戀腐爛的果肉汁液，甚至是動物糞便。生命的背後，或許總有某種陰暗存在，只是我們不願、也不忍直視罷了。

如果你在野外遇到即將開放的野桐花，不妨輕輕地將眼光探到花苞的深處。或許，你會幸運地發現，那是一朵即將綻放台灣黑星小灰蝶的青春生命。

台灣黑星小灰蝶（黑星灰蝶）

是分佈在全島低山帶的普通蝶種。當其合翅時，可看見翅背面有五個星佈的黑色斑點，尤其後翅上緣的黑點非常明顯，這即是他命名的由來。較喜在高處飛行，幼蟲以大戟科的野桐、血桐、穗花山桐的花、果實為食，展翅約二．五至三公分。

Megishba malaya sikkima Moore

III.

囚在捕蟲網中，等待觀察者辨識的蝶，
心情或許像一張瀕於拉斷的弓，
判別他們真正的學名，
對想要結識其他生命的我而言，意義究竟是什麼？

或許，我已經忘了，結識生命，
應該更近於一種由陌生、緊張到難以割捨的，近似戀愛的姿態。

豹紋蝶　攝於花蓮銅門

魔法

與蝴蝶相知的日子久了，我才漸漸了解，他們對帶著手提音響或專程到山上吃小吃、野菜的健行遊客，是多麼地痛惡。

琉球青斑蝶告訴我，假日他只願意高飛；端紅粉蝶說，那攤藥頭排骨，正好壓住了一叢豐美的馬櫻丹；烏鴉鳳蝶則搖搖頭，收起背上奧妙的星圖，往深林飛去。

幾年前我到台北縣一處著名禪寺時，轉進山徑還能清晰地聽到泉水滴落的聲響，現在已經塞車到需要義工指揮交通。從山下到禪寺，沿途有賣山藥、草茶、臭豆腐、椰子水、甚至童裝、領帶、內衣褲的小販，他們將山道略為寬敞的地方灌上水泥，然後以竹枝和防水帆布撐起一片空間，便開始營業。早覺會的朋友沒有問五色鳥的意見，便將他們經常登台演唱的相思樹伐倒，蓋起球場來了。在桃園石門山附近，我曾經看過一家人開著旅行車，後座載著整套的影音設備：電視、伴唱機、音響，就在林邊圍坐車旁，唱起歌來。

人們不聽各種鳥群不輸布農族的八部音合唱，逕自放大音響高歌，或一邊健行，一邊塞著耳機聽廣播；人們來鍛練身體，卻不讓土地磨鍊腳勁，而自備了健身器材，眼睛盯住羽毛球這種無生命的飛行物。

這個道理，紅嘴黑鵯想到頭髮都豎了起來，還無法參破。

我也有始終無法參破的地方。比方說，三星雙尾燕蝶，是什麼時候開始，學會摩挲他們的尾突，以使一隻興奮樹蜥的全力一撲，徒然扼腕？

三星雙尾燕蝶不像紅邊黃小灰蝶一般，經常散步在路旁的鬼針草花上。他們總像隱士一般，群聚成一個桃花村，而極少離家。如果你發現三星雙尾燕蝶，可能會在附近發現整個部落。也許因為隱居太久，當他們吸蜜時，對外來的我並不甚戒懼，使得我可以從容地從後翅基部第二列的三個星點，辨認出他們與台灣雙尾燕蝶間的差異。

三星雙尾燕蝶有吸引你一個下午的蠱魅能力。除了縱橫交錯的斑紋，

三星雙尾燕蝶（三斑虎灰蝶）

是遍佈低山帶的小灰蝶。數量以南部較多，雄蝶前後翅背基部有紫色光澤，合翅時後翅腹面末端則形成偽裝的頭部。尾突共有兩對，根據國外相似蝶種的研究，他「可能」是和擎尾蟻之類的蟻族共生，或以蓼科的鄒葉酸膜為食。展翅約三至三．五公分。

三星雙尾燕蝶　攝於富源

使得他們看來像幅現代繪畫外，那兩對可愛的尾突，配合後翅末端的紅斑，及弧度特異的翅形，乍看之下，往往有兩蝶正在交尾的奇趣。這種視覺上的錯認，與心理學家創造出的圖象魔法，都讓我們有被愚弄的尷尬窘迫。

從擁有翅膀開始，三星雙尾燕蝶就時時摩挲他們保命的尾突，像魔法師揮動魔杖。每一次表演，都兢兢業業，深怕出錯。他們的魔法，是父母傳授，為了障蔽獵食者敏銳眼睛而設計的。或許，稱不上設計，只是在漫長如冰河移動的時間中，經由族群不斷喪命、試驗，幸運地鑽研出一種可以保命的戲法。

除了以尾部擬態頭部外，他們的飛行速度恍如隱身術。在靜止瞬間即可集聚全身動能，出現在另一朵鬼針花上。預測三星雙尾燕蝶飛行的方向，便是一種極其累人的頸部運動，它可以讓你忘記正午鞭笞著萬物的陽光。

他們另一個顛覆一般人對蝴蝶習性的瞭解，是幼生期並不攝食植物，而可能是與舉尾蟻共生。舉尾蟻飼養他們，以便取得相對報酬的排泄乳

黑脈樺斑蝶
（虎斑蝶）

是低山帶最常見的斑蝶種類之一，離島亦可見蹤跡。橙紅的底色配上黑色縱斑，是極美麗的普通蝶種。飛行緩慢，但能利用氣流進行滑翔（這似乎是斑蝶科的專長），而進行遠距離的飛行。食草為蘿藦科的馬利筋，展翅約七至七・五公分。

Danaus genutia Cramer

汁，以撫育自己的子孫。擎尾蟻顯然不以屠宰「家畜」維生，他們且在飼育的幼蟲成熟時，以祝福的眼神讓他們離開蟻巢，與春天見面。或許，蟻群們交碰觸角時，總在互相傳遞著這樣的訊息：生命的運行，是彼此需要，而不是獨佔或相互隸屬。

三年前，我第一次在石門水庫附近的步道旁，拍下了第一張三星雙尾燕蝶的照片，這些年來，雖然也常在其他的低山帶遇見另一些族群，但每隔一段時間到石門附近的山區走動，我都不忘探望一下那個首次讓我迷戀的三星雙尾燕蝶聚落。那裡極好辨認，因為快接近時，會有一群黑脈樺斑蝶以橙紅色的翅翼，不斷點燃一排排的紫花藿香薊，然後張開翅翼垂懸在花朵上，彷彿路標。

幾周前，我卻「失其徑」了。那天下午，陽光像是要把人身上的水分，一口吸乾。幾排香蕉(或芭蕉)的幼株，告訴我，人們施展了魔法，即將把這裡變出一畦漂亮的果園。

沒有擎尾蟻和三星雙尾燕蝶的美麗果園。

台灣雙尾燕蝶　攝於新城七腳川溪上游

地圖

史蒂芬・伏格(*Steven Vogel*)在《貓掌與彈弓》(*Cats' Paws and Catapults*)這本討論人類與自然設計優劣的有趣書裡提到：上帝創造的自然裡，直角是極少數；但在人類創造的文明世界裡，卻對直角情有獨鍾。這點醒了我過去未曾注意的環境中，確實，自然界以柔軟的圓弧或漸變的線條來承受壓力與環境的震盪，而人們則以直角來增加空間並便於安排秩序。這有點像同是二分，以正方斜角切割，或如太極以動態線條分割的差異，其中的優劣殊難論定。一度中國以這套貼近自然構造的形上思想創造了文化的高峰，一度，西方以他們準確、精湛、尖端的技術，讓中國的自信像一只沒綁緊的氫汽球，迅速萎頓。

我是一個不習慣帶地圖出門的人，但到一個陌生的地方，地圖畢竟可以讓你有一種「如鳥」的視野。如果你手上有一幅有山有水的城市地圖，正好可以印證伏格的說法，山脈即使傲岸，在地圖上也呈現如柔軟的波浪；除了人工河渠，河流或海岸，也總是靜靜地蛇伏著。

而城市則以格狀的結構棋佈成一個銳利的多角形。

許多人一開始都不相信石墻蝶是一種蝶。他的翅緣崎嶇，像一枚極薄的、幾無重量的岩片，這或許是石墻蝶在中國古名岩胥的緣故。方旭在《蟲薈》中根據《正字通》說「蛺蝶一名胥」，但這個蛺蝶和我們今天的蛺蝶意義不同，方旭說「蛺蝶或作蜨蝶，即蝴蝶也，四翅有粉，好嗅花香，以鬚代鼻」，顯然是泛指所有的蝴蝶，以鬚代鼻，不知是觀察時不明所以的洞見，還是確實掌握的生物常識？

蝶翼面石紋縱走斜裂，又彷彿是一幅紙繪地圖。地圖上，道路縱橫、纏結，隱隱尚可見平原、山脈、河道與海岸。對石墻蝶來說，翅面上如地圖的紋痕，在山谷裸露地、溪谷或樹冠上便化為一種隱身塗料，目的是誘使敵人的眼睛迷路。

石墻蝶（網絲蛺蝶）

是分佈於低山帶的普通蛺蝶種類。都市中並不常見，但都市近郊的低山帶則可輕易發現。有吸水的習性，飛行時常以滑翔的姿態盤旋。由於翅背、翅腹佈滿黑褐線紋，彷彿縱橫交錯的公路線，故又被稱為地圖蝶。食草是桑科的Ficus屬：如糙葉榕、無花果等，展翅約四至五公分。

Cyrestis thyodamas formosana Fruhstorfer

石墻蝶　攝於東澳

石墻蝶是個性頗為閒適的蝶種，他們不像青斑鳳蝶總在張惶趕路，也不像琉璃蛺蝶忙著驅趕進入他領空的不明異物，更不像波紋小灰蝶悶著頭亂闖。他總是輕靈地煽動翅膀，滑到石岩或樹梢閒坐半天。即使揹了一幅地圖，石墻蝶似乎也不急著查看，像極了雪夜訪友，乘興而行，興盡而返的王子猷。

這也使我每回看到石墻蝶，呼吸都為之舒緩下來。

伏格在行文中，提及自然技術在進步上的緩慢，及人工技術常可高效率前進的差異性。自然界依靠歧變後的淘汰進行演化，是保守的設計師；而人類能夠預測失敗，而提前避開風險，縮短嘗試的行程，是高效率的追求者。

人們總是積極地、緊張地在求取進步。

這使我想起葛林在他的小說〈節省一天〉中，描寫的那個(或說每個)想要用搭飛機節省一天的主人翁，最後卻不曉得他自己省下來的二十四小時，要拿來做什麼？「我問你，他節省一天，或者你節省一天，到底有什麼用呢？」人類遠遠超越其他生命進化歷程的快速跨步，除了給人們帶來便利外，那些多稜多角的發明，會不會刺傷了其他生命，或者，我們自己？

歐陽嶠暉教授曾在一次演講中，提到生態都市的發展策略。他認為都市應該修正為圓弧結構，因為方形結構的道路，將囚死風的流動，而使得熱島效應增高。圓弧形的街角，則讓出空間，使得風能多方穿梭，自由來去。

即使有了冷氣，我們還是期待出門時遇到一陣風呢。

風，也許就是一隻揹著地圖，瀟灑飛過的石墻蝶所帶起的。

翅面佈滿縱橫路線地圖的石墻蝶，以桑科的Ficus屬為食。

活埋

我一直覺得，油菜花是學校周圍最生命的象徵。

一九九八年我曾住進學校後門穿過宵夜街，通過下坡後那片水田旁的小路盡頭，開始和活在文字中的王漁洋虛擬交談。有一段時間，我習慣寫到清晨，然後騎單車去買早餐。

那時，我結識了小路右邊囂張的長柄菊、午時花、大飛揚草，追隨陽光的台灣紋白蝶、必然獨立在電線竿上的大卷尾，和在田梗、排水溝裡覓食，偶爾被驚起的小白鷺與黃頭鷺。在略微藍調的空氣裡，九月的豐垂稻穗，隨即在收成後被焚燼，將水田燒成一塊塊焦黯的旱裂。十二月才開放，一月格外洶湧的油菜花，在年後已被鋤入土中，埋葬成稻苗的

台灣紋白蝶（緣點白粉蝶）

是最常見到的蝶種，從平地到中、高海拔，皆可以發現。幼蟲以十字花科植物為食，因此當冬季油菜田開花前後，就可看見成群的台灣紋白蝶發生。生命周期約為三至四週，和日本紋白蝶的差異在其後翅緣有黑色斑紋。展翅約四至五・五公分。

Pieris canidia Sparrman

生命根源。二月時，田中尚未儲水，只在其中的一個角落，用粗布覆著一區苗圃。三月底，田已漫衍成湖，稻苗成列，埂上還留著少數幾叢被遺棄的多餘苗株，尚青翠地生命著。

油菜花似乎是稻苗的前世。

大約我們的皮膚感受到冬天的時候，油菜花籽就被散播在收割好的稻田中。在碰觸到冰涼的土地時，她們已然預視到自己將被活埋的命運。被活埋之前，她們的開放，總是召喚了冬季跨越到春季的一波紋白蝶的高潮。橙黃的油菜花上，彷彿是飄起的蒲公英般的、輕盈的紋白蝶身形，使得整片田都生命起來。讓人感覺不到，月前四處都棄滿稻梗的殘軀。

這些紋白蝶帶著油菜花賦予的生命，飛行到周遭的城鎮，羽翼上彷彿還煽動著油菜花的芬芳。對一般人來說，紋白蝶太容易見到了，簡直就是提起蝴蝶的第一印象；也由於太容易見到，她們總不如鳳蝶科能引起人們的讚嘆，而受到幾乎是輕賤的對待。但每回我看到紋白蝶，總就喚起我記憶中一九九八年那片陪我寫過論文的油菜花田，一種等待被活埋

日本紋白蝶
（白粉蝶）

可能是由蔬菜進口時引進的蝶種，非常普遍，幼蟲以十字花科為食，特別喜愛甘藍菜。在分佈高度上較台灣紋白蝶略窄。最早的記錄為楚南仁博的標本，為台灣農業試驗所藏（一九三三年三月八日）。習性與台灣紋白蝶相近，因此成為互相競爭的蝶種。後翅無黑斑，體型與台灣紋白蝶相近。

的激烈綻放。

在學校的這幾年，恰好也遇上了幾方草坪被建築物消滅。總是為了紀念某些人，就必須蓋個紀念館，然後謀殺掉一塊可以生長生命的土地。現在我住的房子後方的苦楝和相思樹，也為了因應學校漸漸膨脹的人口，準備建新的出租建物，而使我失去了早晨以他們為窗簾的幸運。在春天將盡時一路搖曳送我回家的紫白苦楝花，和提供赤腹松鼠從窗邊窺探我的相思樹，逐一倒下，然後在墓碑似的建物前，哀傷地死去。

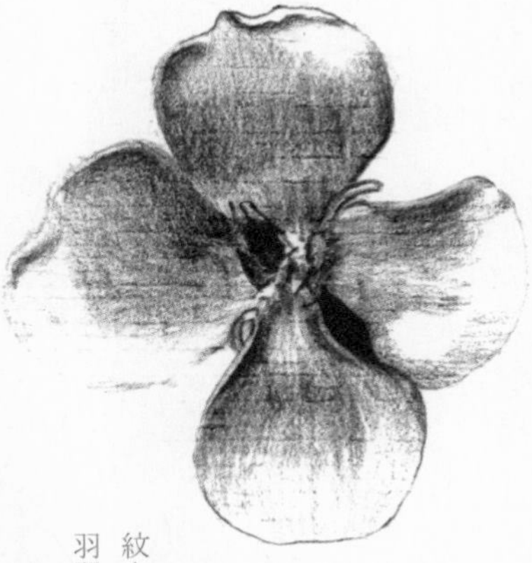

紋白蝶帶著**油菜花**賦予的生命飛行到周遭城鎮，羽翼上彷彿還煽動著油菜花的芬芳。

那兩隻總在八點鐘左右出門準備餐點的松鼠，搬到哪裡去了？

幾天前騎車經過宵夜街緦下的道路時，又感到冬天的氣息緊迫而來。油菜花應該已經下種了吧？只是記憶中，曾經廣闊到可以擔負數百隻紋白蝶飛行的田地，已經被切割為岸，中間建起了修車廠。我想一個月後這一代的紋白蝶仍然會發生，只是飛行時必須避開，彷彿墳場般，廢車一輛疊著一輛的水泥廣場。

我想，有關油菜花，有關我的記憶，或者，有關這片土地的某種物事，必然有一部分，因為某種原因，被活埋了。

台灣紋白蝶　攝於台北

國姓爺

一九九四年的夏天，我曾經來到南投縣的國姓鄉。

前夜在台中棒球場看了一場味全龍對俊國熊的球賽，晚上便靠在台中車站的候車室座椅上休息。一直未能入眠，直到清晨六點多，又踱到車站附近的速食店趴睡。直到清醒了些，我便租了一輛機車，毫無目的地出發。

那陣子我迷戀這種邋遢的旅行方式，現在回想起來，其實可能只是欽羨一種獨行的驕傲罷了。國姓鄉在我想像中是一處平凡的村莊，純粹是地名恰巧吸引了我的機車。而我的機車，又恰巧經過了往天冷路旁改建中的「護國宮」。

護國宮供祀的，正是國姓爺。

永曆十三年(一六五九)初夏，鄭成功率著「戴鐵面，著鐵裙，配斬馬大刀，並載弓箭」(夏琳《海紀輯要》)的鐵人軍先克瓜州，隨後朝鎮江催動風卷殘葉的攻勢。楊英《從征實錄》記載是役殺得「虜騎過溝者死於溝，過河者死於河，自相蹂踏，人馬異處……。」明朝維繫政權最倚仗的一支武力——鄭成功軍收復了四府州二十四縣。眼見與清軍隔江對峙的局面即將形成，可嘆他在南京一役中了緩兵之計，勝負情勢頓時轉易。鄭成功決定棄長江，轉返「思明」(廈門)。就在那一年，何斌將台灣地圖呈予他，陳述原住民與荷人的緊張關係，及鹿耳門至赤崁城邊水路的變易概況。沒有人知道這時鄭成功是否已經決定奪取台灣做為根據地，根據《台灣省通志》中一封該年成功寫給荷蘭太守Frederik Coyett的外交信函，他還輕鬆地說：

> 台灣瘴癘孔多，草昧未開，得之安用？

翌年六月，鄭成功在軍事會議中，首次將攻台的戰略披露。永曆十五年正月的軍事會議中，鄭成功為攻台的計畫與漳泉子弟出身南將吳豪、黃廷針鋒相對；但得到北將楊朝棟、馬信的支持。他最後棄熟知地理海

小紫斑蝶

又稱為埔里紫斑蝶，是紫斑蝶屬中體型最小的。分佈於全島低山帶，尤以埔里為多。幼蟲可能以桑科的榕或盤龍木為食草，展翅約六至七公分。

Euploea tulliolus koxinga Fruhstorfer

戰的南將意見不用，而採用對台灣極為陌生的北方將領的意見。是真如張菼所說，南將有留在故鄉經營商業的私心，所以成功也就不接納經過利益考量的戰略？還是南京一戰中，成功的致命自信心再度發作？無論何者，這個軍事會議可能根本是形式，成功早有定見。當他整軍預備攻台之時，浙中義軍領導者張蒼水曾苦求留師思明，質問：

中原方逐鹿，何暇問虹梁？

攻台之議，充滿了人性的臆想與一定時距外遠觀歷史的迷濛美感。

永曆十五年(一六六一)十二月十三日，鄭軍於今台南東門圓環接受荷軍投降，祭告山川神祇。成功在部將各有所思、出發前士兵大量逃亡、寧靖王朱術桂不予支持、未獲日軍奧援的狀況下，取得台灣。

護國宮就位於往惠蓀林場的路旁，遠方是站成數排作為地界的高瘦檳榔樹。我坐在路旁一塊水泥殘柱上，想像這裡曾是亞熱帶溪谷的時光。那時沿著北港溪，必然掩漫綠衣：樹蕨末端的新生葉宛如張爪的墨魚朝向天空；最底層的草本植物、灌木叢與陽性的常綠喬木將地表有層次地包裹起來，使得雨水必須溜滑梯般降落，歡呼著潛入地底；山刈葉與食茱萸枝繁葉茂，伏石蕨糾繞附生，正榕勒纏著宿主，像一對對纏綿的戀人。所有的植物嘗試選擇他們得以適應的土地張開手臂擁抱或閃避陽光，然後靜靜地等待，依靠他們身體生存的生命，將他們的子嗣傳送到遠方。

放眼望過去的「綠」意謂著複數，意謂著自由。

溪畔的濕地可能棲滿了青帶、青斑、烏鴉鳳蝶、雙尾蝶及各種雜處吸水的蝶群，像一場盛大的午宴。偶爾紫嘯鶇不請而來，像一道紫色的驚嘆號；有時一頭渴著喉嚨的山羌，踩著碎步而來，遂將蝶群颺起。抬起頭來，漫天的蝶遂被誤為是落葉的季節提前到臨。隨後，蝶群又在四周草蟬的鼓噪中，眷戀地重新覆蓋於土地之上。

沒有一株樹被修剪，沒有一片葉沒有蟲嚙的齒痕，沒有一眼可以望穿的空洞遼闊，沒有柏油道路，隔絕兩方生命的戀愛。

但這樣的景色，已屬於數百年前的午後，屬於歷史。

一路騎車而來，整個下午，幾乎只遇過漫舞在芥菜、白菜、大頭菜田中的台灣紋白蝶。數百年來，「綠」似乎被人類馴化了。綠著坦闊的路面兩旁，是排列得極為齊整的菜圃，連遠方的山腰，都被同一個層次的綠色霸佔——那裡或許種植著某種果樹罷。果園裡往往鋪著膠質布幕，以防非經濟作物冒出頭來。放眼望去，幾乎所有的植株都是為了兌換金錢而生長，而不勻稱地肥碩著。他們勉強支持著因哺乳過度而垂著的果實，看久了，竟金光刺目，而讓我有疲憊的微疼。

我一路騎來，總算在近午遇到一隻小紫斑蝶(埔里紫斑蝶)，而微感興

對一隻**小紫斑蝶**來說，
大肚溪的乳水是屬於所有生命的。

奮。像是被他拖著走的玩具車，跟隨著他，偶爾因他滯空停步或迂迴繞飛而超過他，只好緩緩停在路旁，像注視著情人般等他以波浪的姿態泅泳而來。人類控制速度的能力，遠遠不如鑽研飛行已上億年的蝶，倘若我像他以落差極大的速度騎車，恐怕早已暈頭轉向。我一路跟著他，直到接近石門村的時候，他才因追趕一陣疾風，往山谷的另一向離去。或許，那個方向他可以幸運地遇到野生的，可以撫養他下一代的馬來藤吧。

我翻開隨身帶著的圖鑑，找到這種因體型較小，而較易與其他紫斑蝶屬區分開的紫翼斑蝶。他們其實不只產於埔里，全島的中低山帶都很容易發現。和所有的紫斑蝶屬青斑蝶屬一樣，冬季有遷移到南方山谷避寒的習性，因而成為台東越冬型蝴蝶谷的主要成員。食草以桑科的幾種植物為主，學名是：

Euploea tulliolus koxinga Fruhstorfer

koxinga？國姓？

我停在護國宮前，在這個無風的午後，我似乎聽到了三百年前，行軍至此的鄭氏軍隊，肅殺的腳步聲。

國姓爺有沒有率兵到此，並沒有可信的記錄。但鄭經和部將劉國軒確實曾率部隊，「驅逐」原本散居於此的平埔族人，逆溯大肚溪，沿著北港溪，將他們如一頭野梅花鹿，往更高的山區驅趕。這裡，原是被稱為「大肚番」的平埔族，歌舞的土地罷？日後，在土地鬥爭上取得優位的的漢人感念鄭軍的掃蕩之功，而將此地稱為「國姓」。

國姓爺，在一場被部將、明末遺老視為逃避海外的戰役中勝利，他的復明事業亦從未因此有過更好的成績，這裡像是一個腹地更大的「思明」基地而已。當轉進台灣的國姓爺在此地被奉祀為神後，護國宮所護的國，究竟指的是明帝國？還是明帝國覆滅後，又在乙未讓漢人感到失國之痛的大清帝國？抑或是一九四九年，幾乎是逃奔此處的國民黨政權？

我腦中出現小紫斑蝶前翅令人迷惑的紫光，他們從來未曾明瞭人們的歷史，也不必明瞭。

明朝敗將在這裡找回了失去的「國土」，原住民則失去了他們的「國土」。從荷據時代，被以一片牛皮的謊言誆奪了一大片土地開始，西部原住民的歷史就是一步步往高海拔遷移、或「民族融合」的動線。國姓爺到來後為了安漢民，又沿著各個溪谷將這個原住民生存的「雪線」往上推移，國姓鄉正是一塊紀念碑。日軍亦曾沿著大肚溪開設陸軍道路，能運送原住民見所未見的新銳殺人道具，以便「撫番」、「剿番」。也許，護國宮曾經看見。

小紫斑蝶也曾見證吧。

蝶類在地球上的生存，超過一億年，他們擁有比人類更多與這片土地交談、交心的機會。他們冷眼看過更劇烈的地動、塵爆與突如其來的颶風驟雨。除了讓自己的體質更適合生存在土地上的努力之外，他們從未將一片「國土」據為己有。對一隻小紫斑蝶來說，大肚溪的生命乳水，是屬於所有生命的。他們不必因為紀念誰驅逐了誰，誰護衛了誰，而蓋一座護國宮。

荷蘭人來了，荷屬東印度公司，從一六三八年起，以每年十二萬頭的速度，屠殺用深情眼眸看著人類的梅花鹿，總數超過百萬頭；他們直到倒下還不曉得為什麼自己不被允許在山林中跳躍。陳第《東番記》所記載的「窮年捕鹿，鹿亦不竭」的神話，從此被摧毀；鄭成功來了，中原移民族群漸漸掌握了島嶼的主導地位，人們得以在政治與武力的蔽護下，大量屠殺了西部平原和低山帶的古老植株，生產只為人們成熟的稻米；日軍來了，有計畫地將森林分屍、拆卸、運走，離開時留下通往林木刑場的鐵路、道路，以為見證；國民政府來了，山脈與河道被毒斃、切割，氧氣與天空被財團勢力獨享，然後他們悲憫地付出一點利息，「保護」被自己謀害的土地。

小紫斑蝶在台灣被稱為蝴蝶王國的那段日子裡，必然也有不少因為擁有變幻的藍紫斑色前翅，而被處死，然後貼成畫裡的星空吧。組成黑夜的蝶種，也許是大鳳蝶，也許是黑鳳蝶，也許是台灣鳳蝶。

或許，對他們來說，數百年來一路被逐往深山的原住民，反而是他們樂於共舞的生命。帶著我前進的這隻小紫斑蝶，是否在經過國姓鄉時，也懷念起那個只有「文面人」，或更早之前的古老台灣？

在一九〇八年一篇H. Fruhstorfer的報告中，記載了十五種台灣蝶類的新亞種。其中兩種以「國姓」(koxinga)命亞種名——他們是小紫斑蝶(*Euploea tulliolus koxinga*)和柑橘鳳蝶(*Papilio xuthus koxinga*)但，此種現今學名改為*Papilio xuthus* Linnaeus。是否因為發現的地點靠近國姓？還是有其他原因？這兩種蝶，日後在學名末都加上，Fruhstorfer。那是一位從未到過台灣，卻曾為台灣十五種鳳蝶命名的德國商人。小紫斑蝶，可能也是透過助手紹達(H. Sauter)到他手上的。小紫斑蝶或柑橘鳳蝶想必不識得國姓爺，也毋須識得Fruhstorfer。緣於學者在某個地方的發現，小紫斑蝶被以一位台灣歷史的重要人物命名。那是在國姓爺帶著部隊，及帶著千年智慧的聰明族群來到台灣的兩百年後。這使得我看到小紫斑蝶的美麗紫斑時，彷彿看到一個水晶球，凸映出矛盾的歷史。

其實，小紫斑蝶一生的主要目的，只是尋找一株可以放心讓子孫攀附、啃食的植物罷了。但顯然地，尋找的過程會愈來愈久。

然而我知道，小紫斑蝶因被賦名而從此背負的故鄉，也是許多台灣子民的故鄉。不論是被「驅趕」的，或是因驅趕他人而得以擁有的。

也許有一天，人們會曉得「國」乃土地，而土地意謂著複數的生命的真正意義。因為，當小紫斑蝶失去故鄉時，也就意味著，人們可能也將沒有故鄉可以記憶了。

小紫斑蝶　攝於士林官邸

放下捕蟲網

我曾經對黃蝶失去耐性。

剛開始走進森林的時候，我買了一隻捕蟲網。就像所有剛接觸星星的人妄想解讀整個天空一樣，我急著將能看到的飛蝶攫取下來，和圖鑑裡的影像逐一比對。那個過程總是緊張而帶著期待的興奮，被困在米白色的、細密紋網的蝶，就像一幅等著被鑑定的畫，毫無反抗能力地被攤開來，掙動著身軀接受我不算溫柔的檢視。

即使抱著釋放的心情擒捉，蝶都必須待在網中，惶惶地等待擒捉者獲得滿意的答案，將捕蟲網反手一揚，寬大地特赦。

那幾分鐘，他們的情緒，或許像一張瀕臨拉斷的弓。

你必然曾經遇到過黃蝶。

黃蝶屬的蝶種因為四處可見的豆科植物而顯得常見，也因為都市選擇了合歡與黃槐、鐵刀木做行道樹而進駐城市，他們像黃槐盛夏開放的飽滿黃花，在充滿汽油味的都市中，揚起一陣甜香。這些都市中少數的無動力飛行器，在福爾摩沙各處溫暖的低山帶，享受著從微酸梅雨與夏季強大驟雨間隙遺留的陽光，毫不畏懼地在被人類侵佔的道路旁沿線飛行。偶爾車輛夾帶一陣暴風駛過，便將黃蝶不廣的翅幅颳成一蕊殘瓣，不規則地飄動著。

多數人除了稱他們黃蝶以外，鮮少有人知道黃蝶屬包含了體型、色澤、習性相近的數種蝶種。他們是同屬的江崎黃蝶、淡色黃蝶、台灣黃蝶、星黃蝶、荷氏黃蝶。這些不超過五公分的小型粉蝶，外著近似的飛行塗裝。但在生物學上，他們有著相異的生殖器，彼此之間有著鮮明的血統藩籬。

如果他們有種族意識的話。

江崎黃蝶（島嶼黃蝶）

廣泛分佈全島各處，四季皆產，翅色濃黃。特徵是後翅背面外緣的黑色條紋較為粗大。展翅約四公分，食草為豆科植物。

Eurema alitha esakii Shirôzu

剛開始迷戀蝴蝶的時候，我有著極大的挫折感。不是無緣到深山中去面對那些稀少的珍貴蝶種，而是我連每回出外必定遇見的黃蝶，都無法確認他們確實的身分。許多蝶種光是賜予我們數秒的飛行印象，就足以能讓我們讀到他們翅翼所傳遞出的語言；裙擺綴著白色珠紋的玉帶鳳蝶，一襲過分花俏春裝的無尾鳳蝶，有著大麥町黑白花斑的大白斑蝶，帶著後翅閃動青紫色光采眼睛飛行的孔雀青蛺蝶。但飛行中的黃蝶，簡直就是穿著同一款式黃衣黃裙的孿生子。在他似乎永不嫌累的匆忙飛行動作中，我們只能不斷地培植耐性，等待他因吸蜜或享受午後陽光時短暫的停歇。不斷地運動是他們基因中所教導的躲避敵人的法門，但即使他們停憩在通泉草或是紫背草上，我們依然難以辨認出他們的差異。

乾季中的黃蝶，翅腹面就是一方土地。那時往往顯得較為枯褐，亞外緣偶會出現小型乾渴的黑褐色斑。荷氏黃蝶的雌蝶在體型上大於雄蝶，色澤也較雄蝶為淡，便與淡色黃蝶相近，反而加深了以色澤辨認的困難；台灣黃蝶的後翅宛如一個平順的河道，而荷氏黃蝶的第三翅脈展現了一個微曲的夾角。然而黃蝶並不會站在藿香薊上，等待你拿量角器來

淡色黃蝶

亦稱淡色黃粉蝶，是四季各處可見的普遍蝶種，分佈在平地及低山帶，但族群數量較台灣黃蝶少。展翅約在四・五公分左右。

測量，即使你記住了江崎黃蝶的前翅較近於圓弧，但你通常等不到他和其他的黃蝶結伴同行的機會，來做比較。

這些特徵有時非但難以成為新手面對他們的辨識特點，反而成為頭痛的模糊界線。當你凝視黃蝶銅板大小的翅翼時，往往對「圓」與「不圓」，「淡」與「深」的詞意產生懷疑。語言是多麼詭譎的表達工具，有誰清楚地證明過「愛」與「不愛」麼？

即使是昆蟲學者，也多曾被黃蝶的多變分身迷惑過。據說山川默的《原色新蝶類圖》（一九三五），白水隆的《原色台灣蝶類大圖鑑》（一九六〇），都曾誤將淡色黃蝶指為台灣黃蝶，加藤正世的《原色日本昆蟲圖鑑》（一九三三）也將荷氏黃蝶誤為淡色黃蝶。這也讓我想到，現在手上的圖鑑，是否已準確地揭開了黃蝶的迷幻翅衣？

有段時間我焦急地使用捕蟲網，想要藉由圖鑑中的數張照片，找出他們的真正身分，但得到的總是更深的迷惘。

當黃蝶用盡氣力衝突細網磨損他們的翅鱗，並因此裸出翅面時，找到

台灣黃蝶（亮色黃蝶）

亦稱亮色黃粉蝶，是四季皆有的低山帶、平地蝶種，但以夏季為豐。幼蟲有群聚的特性，往往將一株合歡啃得精光。且其前蛹與蛹亦有群聚的現象，這是他習性上的特殊之處。展翅約四至四・五公分，黃色色澤較淡。豆科的合歡是主要的食草。

Eurema blanda arsakia Fruhstorfer

他們準確的學名，對我而言的意義究竟是什麼？只是將觀察表上那四個同屬黃蝶的空格填滿，一種蒐集式的心理驕傲，還是為了展示我的辨識技能？或是，炫耀人類能為萬物命名的特權？當我以捕蟲網強迫將他們的翅面打開，以方便檢視對照時，黃蝶是將我視為朋友，還是一個強暴的敵人？如果我們走進森林的目的是結識生命，又何苦以一廂情願的求愛手段？

我曾經闖進琉球紫蛺蝶的領域，而遭到這種體型小我數千倍的飛行昆蟲強悍的驅離。我的近攝鏡頭束手無策，因為敏銳的嗅覺讓他知道有人侵入他的國家。我放緩自己的呼吸、放慢肢體的節奏，慢慢地一公分一公分地靠近他的停憩處，他則以迅捷無比的飛行技巧移星換位，讓我的雙腿與持著相機的手因疲累而微微發抖。直到在他默許的，逐漸縮減的距離，我才得以窺探他，仿如藍色星雲的物理鱗翅。

那是一種，由陌生而接受的結識過程。

於是我慢慢領悟，捕蟲網的使用，其實是一種怠惰。我們省略了與另一個生命戀愛的過程，而選擇了一種簡單的、粗糙的認識方式。有一

星黃蝶

又稱星黃粉蝶。雖是四季、全島皆有的蝶種，但分佈較為局部。辨識的特點是後翅腹面具有黑色星點，展翅約四公分，幼蟲食草是假含羞草及豆科植物。

Eurema brigitta hainana Moore

天，我們或許以捕蟲網而能背誦所有的蝶名，但卻不可能結識任何一隻蝴蝶。

生命不是一個三五個字聯結起來的符號。

在我困擾於黃蝶的種名，而汲汲於用捕蟲網困捕他們時，我漸漸發現人類語言與文字力的貧弱。而只有幾張「抽樣」照的圖鑑，其實無法告訴我們，自然的本身，就是一個變數，無法掌握的變數。當我以捕蟲網滿足自己蒐集蝶名的欲望時，我渾然未覺，森林正在我的背後訕笑著。

當我放下捕蟲網，我知道我將開始認識黃蝶，以一種戀愛的姿態。（圖為黃蝶蛹）

我忘了眼睛是用來觀看，四肢是用來爬走，胸肺是用來喘息。

蝶無法拒絕好奇卻不尊重蝶的賞蝶人，正如一幅名畫無法拒絕那些湊熱鬧參加藝術大拜拜的附庸風雅者。當他對我的靠近破壞他午後的散步而露出厭惡與不屑時，或許我該用羞愧的眼神，目送他往小徑圓旋飛去。

直到現在，我依然無法準確地判斷黃蝶的種名，但當我放下捕蟲網之後，我知道，我將開始認識黃蝶。

以一種戀愛的姿態。

荷氏黃蝶
（黃蝶）
廣及全島、離島的低山帶普通蝶種。冬季時翅腹面的斑紋較明顯，展翅約四至五公分，呈現鮮黃色。以豆科、鼠李科植物為食草。

荷氏黃蝶　攝於新竹尖石鄉

黃紋粉蝶　攝於合歡山

IV.

漸漸地發現，我的記憶和我認識的蝴蝶生命史，
竟相互纏勒、寄生、匍伏攀附，
以致宛如莊周與蝶，夢與被夢。

後來才理解，這種「物化」之感，
可能來自於一種信念：
相信不論是蝶或莊周或我，不論生命形態如何不同，
根，都必能在土層中相會的信念。

迷蝶

所有咒語都有解咒的法門，除了紫斑蝶身上的

圖書館附近有幾棵樹冠幾乎超過一座羽球場的榕樹，常想校門口的大卷尾站在木麻黃上，必然會誤以為是一窪窪青綠的水池，而會妄想躍入吧！榕樹的樹高不高，承接了午後過量的陽光而滿溢，枝葉拚命地往四周伸展。習慣在前往圖書館時避開文學院大樓，選擇附近的一兩棵榕樹為標記，繞路而去。這些榕樹孤立在草坪上，寂冷地開展著樹蔭。由於校園的佈置採用園藝的造景，他們身上沒有藤蔓纏繞，樹根也沒有苔蕈。像早晨刮淨鬍渣的仕紳，乾淨是乾淨了，卻缺少一種生命的味道。

眼前這棵算是較不起眼的，但他的鬚根像豐美雨水般落下，讓人可以

紫斑蝶（雙標紫斑蝶）

斑蝶科。是低山帶、平地的蝶種，但數量不算太多。又稱斯氏紫斑蝶。高雄、台東的山谷，即以群聚紫斑蝶、端紫斑蝶、圓翅紫斑蝶、小紫斑蝶、青斑蝶等蝶種而形成越冬型蝴蝶谷。前翅有眩目的紫色物理鱗片（註），寄主植物為桑科的榕樹。展翅約八至九公分。

註：物理鱗片指單一鱗片為無色，因排列組合的差異而

感覺得到彷彿綠色雨水打到身上的沁涼。

鳴蟬、咸豐草、苦苣草和我，一同享受著在樹蔭底下一籌莫展的陽光。

一隻蝴蝶從眼角竄出，以緩慢得令人驚訝的速度，與崎嶇的樹身華爾滋。她應該是斯式紫斑蝶或圓翅紫斑蝶。從體型來看，可以排除小紫斑蝶；從紫斑所在的位置看，可以排除端紫斑蝶。紫斑蝶屬都擁有鏗鏘閃耀的金屬紫鱗，自然的寶石光澤，彷彿在嘲弄著貴婦貧血肌膚上的人工裝飾物。由於她飛行緩慢得不像過去我遇到的紫斑蝶屬，我靜靜地立在樹旁看著她。

穿梭時她偶爾振動的前翅觸動，鬚根風吹過一般叮咚晃動。迴轉到迎光的角度，紫色的鱗片在深褐的翅面如嵌入的琉璃瓦閃動著。由於沒有帶著相機，只好使勁移動眼睛跟隨她的滑步。

接近一條鬚根，她提起尾部握器，曲成稻穗的低垂狀，雙翅快速將風搧成流影維持著滯空的平衡，好像有人摀住了口鼻，我不禁屏息。

她在產卵。

在反射光線時體現出不同的色彩，是物理性色彩。化學鱗片本身是帶色鱗粉。通常具金屬光澤的蝶翼為物理鱗片，台灣蝶種中有許多具部分物理鱗片(如著名的大紫蛺蝶、大琉璃紋鳳蝶)，但沒有完全物理鱗片翼的摩爾佛蝶科。

一枚微染綠意的砲彈狀圓卵，自尾端剝除，附於鬚根尖端。鬚根隨風一搖裙擺，便失去卵的蹤跡。我只好又跟蹤著母蝶，等待第二枚卵。

當陽光安靜地離開樹梢時，她一共產了八枚卵。據說雌蝶有一種數學的天分，能準確地計算出產卵植株所能負載的幼蟲量，就像嬰兒哭聲所傳達恐懼、飢餓、傷悲的神秘語言，惟有母親得以解碼。

每一枚卵都不是直接附於食草的葉背，而是像登山者援索攀附於鬚根絕壁上，恐怕幼蟲孵化後還得經過一番努力才能到達食物的所在。饅頭形卵粒，像極了鬚根尖端剛抽出的根芽，有著麥粒香氣的淡綠，一旦你眼睛因疲倦而稍稍眨動，都有可能會迷路在繁茂鬚根垂簾中。

這真是大自然與生命間最貼心的默契。

緊忙到圖書館還書，回到宿舍找出了底置燈光的觀察12X放大鏡，但這時竟落起大雨了。夏季午後的雨勢往往來得十分急，似乎先聽到搥擊地上的雨聲，才發現打得身上發疼的雨點。我開始有點擔心鬚根上的卵。雨愈落愈大，整個校園裡的樹都發抖。產完卵紫斑蝶的虛弱身體，想必也難以捱過這樣的驟雨。

雌紅紫蛺蝶
（雌擬幻蛺蝶）

蛺蝶科。雌雄型態截然不同。雌蝶與黑端豹斑蝶之雌蝶一樣擬態樺斑蝶，翅面為濃橙褐色。雄蝶翅面為黑褐色，前後翅緣各有一白斑，光線角度不同時則呈金屬紫色，為物理鱗片。分佈全台平地與低山帶，中北部較常見，但數量不多。為典型的熱帶蝶種，以馬齒莧草為主要食草。展翅約六至七公分。

撐著一張上頭繪有陽光的米黃色傘，來到榕樹下面，發現積水已經盛滿它突出崎嶇的樹根。也許卵粒已經被沖到這黃粱夢中的國度，而被勤奮的勞動者運入地底。

當雨漸漸無聲之後，找到了其中一枚。斑蝶科的卵多呈砲彈型，也因此更接近於她所要模擬的初芽。在她孵化之前，隱密得像原本就是老榕一部分。夏末的雨是來去慌急的麻雀，這時暖黃的陽光已將綴在榕葉與根上的雨珠注射奇異光的粉彩，感到自己像是陷身水晶宮裡驚訝的漁郎。是什麼力量使得她能撐過這場大雨沖刷，使這枚不到半釐米的卵粒抗拒了強悍雨水？我疑惑地透過放大鏡看著她身上細膩的紋路，彷彿陷入一座古老城堡迷宮。

現在已是八月，夏的末端。這枚卵裡面的生命可能是今年平地最後一代紫斑蝶。她必須在第一道寒流來之前羽化，並趕赴東部山區的無風山谷過冬，直到明年春天再解散到平地來重新繁衍。

不知道是誰對台灣紫斑蝶屬下了神秘的灰姑娘咒語？無法解咒的咒語。榕樹似乎散發著一股奇異香味，令我的胸口莫名地充滿了愉悅的空氣。

大概是想到幾週後，可能會再次在校園裡巧遇另一隻望南而飛的新生紫斑蝶罷。

拋棄臉孔，是為了孕育另一個

巧遇雌紅紫蛺蝶那天早晨，正為即將提交的一篇短論文傷神。校園裡衰微的霧氣低頭穿過沉重的腳步，成群綠繡眼吱吱喳喳地搶食著早餐。相對於人來說，她們必然也有我們不可理解的憂愁吧！或許正討論著今年冷鋒幾時將奪去綠葉，以及近來陽光總是提早消翳之類的話題。

原本不該待在這裡的松樹則應慶幸屬於他們的季節正要開始。校園裡大部分植株事實上都是異地來此落腳的移民，人們為了美化景觀等等理由強迫他們接受新土壤，並且站立得整整齊齊。我疲憊地蹲坐在百花川旁，看著橫跨水流上一張結實的蜘蛛網。蜘蛛是如何排遣他等待獵物的無聊時光？我問了自己一個無聊的問題。

雌紅紫蛺蝶（雄）　攝於芝山岩

就在這時候雌紅紫蛺蝶出現了。

剛開始觀察蝴蝶的人，都會迷路在蝶翼上模稜兩可地圖裡。蛇目蝶科的Ypthima屬，蛺蝶科的Neptis屬，小灰蝶裡的Chrysozephyrus屬以及粉蝶的Eurema屬，彼此簡直像孿生子一般難以分辨。而蝶類的偽裝與擬態行為，又更加深了辨識困擾。

有一些會模擬掠食者形象，以期矇混敵人的眼睛，甚至造成他們畏懼。像著名的貓頭鷹蝶(實際可能是模擬爬蟲類而非貓頭鷹)，以及部分蛇目蝶身上眼紋，瞪視住你魂魄般靈視著。另一些則模仿其他具毒性蝶種，掠食者倘若曾嘗過毒蝶的苦頭，必會大大減低食欲。而毒蝶間甚又會相互模擬，更使這種障眼法複雜化。

這是物種與物種間的鬥智。

雌紅紫蛺蝶想必不曾到過靜止的水面邊端詳自己的容顏，她們兩性間的外貌差別是如此之大，令人懷疑是兩個陌生族群。然而她們從未錯認自己的伴侶，靠的便是愛情的靈敏嗅覺。據說一隻雄蝶可以在逆風數百公尺遠的地方嗅到雌蝶的費洛蒙。

沖繩小灰蝶

（藍灰蝶）

是最常見的小灰蝶科種類。又稱大和小灰蝶、琉球小灰蝶。都市、學校、低山帶均可見到。幼蟲與毛蟻似乎也有共生現象，但主要攝食酢醬草。體型小而飛行快速，常繞圓弧狀飛行。展翅約二．五至三公分。

Zizeeria maha okinawana Matsumura

甚至預先至雌蝶的蛹附近等待他的新娘羽化。

當她從我身旁飛過時，我確信自己染上羽翼振動風響的耳鳴。眼角殘存的影像讓我判斷她是樺斑蝶，她的幼蟲因嚙食馬利筋而在體內殘存毒性。

隨即我便發現自己判斷錯誤。

她顯然比斑蝶科飛行的速度更快，更飄忽。一瞬間從我的身後竄上一排松的樹冠，忽而又將腹部貼近地面滑翔；她的位移像神出鬼沒陣雨，沒有規則且無從預測。像在考驗著我眼球的轉動速度，無心關照迎面而來的一對戀愛中的台灣紋白蝶，我專心注視著她沿百花川時隱時現朝建築物而去的身影。

蝶類靠的便是這種非線性軌道的飛行，來挑戰速度遠勝於她的鳥類。鳥雀通常在俯衝後難以迅速回頭追擊，我時常看到一攫不中的鳥兒站在樹梢上回頭張望反方向遁去的蝶大嘆可惜。蛺蝶科更是真正御風而行高手，她們調戲風勢煽動詩意，並立在風頭上調侃人們鑽研百年的飛行特技。

追隨她無厘頭式的舞步，不禁心跳加速。在低飛的剎那從後翅鋸齒黑紋而確定她是雌紅紫蛺蝶的雌蝶。為了負起傳宗接代的任務，她們比雄蝶更需要安全。不知從何時開始她們拋棄了本來的臉孔，而選擇毒蝶為易容的樣板，冒險地以面具來欺騙掠食者。她們的臉孔是為了下一代的生存而塑形。

笨拙的腳步畢竟不及風，到中大湖旁的楓香林時便失去她。

雌紅紫蛺蝶或許從來不知道自己的外表正在改變，在百萬年的進化中，她們只是努力地為自己族群的繁榮接棒下去。不需要鏡子、手術刀、化妝品，不需要割雙眼皮、豐頰、削下巴。靠著要生存下去的意念，讓基因產生了奇蹟的變異。面對自然交付的考驗與設下的陷阱，她們驕傲地在天空展示著生命堅毅的美麗。

然而她們現今面臨的生存壓力不來自天候、季節、掠食與寄生者，而是鋸木機、推土機與挖土機。沒有另一種族群足以挑戰人們的力量，於是她們選擇消失。面對心思如此詭譎的族群，雌紅紫蛺蝶百萬年來的生存努力也許亦將化為煙塵。

在中大湖前徘徊許久，決定放棄追蹤她，轉而努力在校園裡找尋一株能承載她傳遞香火希望的馬齒莧。

最昂貴那幅畫，是拍賣不掉的紋身

倘若校園的草皮幾個月未曾修剪，必然會發現長柄菊、酢醬草和苦苣草併肩搖來擺去。紫花與黃花的酢醬草更是在青綠的草地四處招搖，彷彿一枚枚兒時遺落的彩色彈珠滿地滾動，隨處一撿便撿起記憶。常常在學校除草後，面對失去這些草花點綴的廣闊草地感到悵然，也因而更期待夏日偶雨，能重新召喚她們回來。

沖繩小灰蝶可以說是伴隨著酢醬草而生，幾乎在白天任何時候，都有機會在草地上發現她們，跳土風舞一樣迴旋著小圈圈，一隻小灰蝶，往往讓人誤認為好幾隻。你必須像偷襲的螳螂凍結動作並跟著緩慢前進，等她疲倦了，才有機會親近在草穗上休息或拉長口器探測草花深處的她

沖繩小灰蝶　攝於白楊步道

們。

雄沖繩小灰蝶其實是一朵會飛的紫花酢醬草，當他背向陽光，以極其緩慢的動作展開翅膀，淡紫色的花瓣隨之綻放。她不像紫燕蝶般有寶石光澤，而是一種黯淡的樸實紫青；翅腹面也遠不如紅邊黃小灰蝶配色前衛大膽，而是保守的清爽灰藍。每回在校園松道旁遇到暈頭轉向，匆忙的沖繩小灰蝶，總希望能看到她休息展翅的姿勢：如此緩慢優雅，像是時間都被她拉住似的。她展翅的動作，按摩著我的每一吋緊張肌肉。中壢正午的陽光十分強，卻也是她們最常展翅的時間。蝶類的展翅休息常是藉此吸收熱能，儲備為飛行的動力，她們可是環保的太陽能飛行者。

每回看到展翅後一動不動承接陽光的沖繩小灰蝶，就想起在某次昆蟲展擔任解說員的情形。參觀的多半是安親班小朋友，我的任務便是帶著他們參觀。

「小朋友，我們怎麼分辨蛾跟蝴蝶啊？」我偽裝稚嫩聲音問。

「我知道。」一個有著饅頭般白皙臉龐的小男生說。「老師說，休息的時候翅膀打開的是蛾，合起來的是蝴蝶。還有，比較漂亮的是蝴蝶，醜的是蛾。」

「哦？是這樣嗎？那這隻是蛾還是蝴蝶啊？」我指著展示板上一隻香蕉大弄蝶展翅的圖片問，她的顏色有如灰敗落葉。

「應該……應該是蛾吧？」一個綁著兩條非常精緻小辮子的女生說。

「她是蝴蝶喔，看不出來吧。嗯，那如果她停下來的時候一下子打開翅膀，一下子合起來，那她是蛾還是蝴蝶啊？」我用雙手模擬著蝴蝶翅膀動作。

「合起來的時候就是蝴蝶，打開來就是蛾嘛，還不簡單。」饅頭臉的小男生說。小朋友都開心地笑了，發現自己笑得最為尷尬。

原來自然課的目的是讓人遺忘眼睛。

眼前的小灰蝶仍然靜靜地撐開翅膀，似乎很滿意今天的陽光。我繞到一旁，想看她的翅腹面。

台灣擁有超過百種的小灰蝶，每一種的翅腹面都是一幅獨特的畫：波紋小灰蝶在淡褐的底色中泛起一列列白浪，是馬遠〈十二水圖〉中線條的雄辯；伏氏綠小灰蝶大膽地以藍綠紅潑灑，是張狂的野獸派；棋石小灰蝶則用分光法的點畫，飛翔時讓陽光與眼睛共同完成；而沖繩小灰蝶則像純真的孩子翻倒的油彩，流出的寫意風景。她的紋身，任何人工無法模擬。

想看到她僅有拇指般大的紋身畫作，必須先趴到和她一樣貼近地面的高度，以一吋一分的緩慢移動逐漸讓眼睛盡量貼近她。

那是一種真正野性的筆觸，生命的潑墨。

當然，不可避免地，你必須弄髒乾淨衣服。

紫端斑蝶(雄)　攝於麗山橋口步道

迷蝶 二

玉帳貂裘，倘亦有并州故鄉之意，
早難道邯鄲喚醒還迷蝶？

陳與郊，〈文姬入塞〉

謎

昨天從你那裡經過，地面像一冊曆本，這些年來，都不曉得翻到第幾頁了。我牢牢記得，一九九二年那頁。

我必須說，那些天橋是我童年最重要的一根神經。當它們刷地跨架在時間上，就溫熱我腦中某些已然膠硬的半透明記憶，重新流動。沒錯，七歲的時候，我曾經在那上頭販售鞋墊，而穿過那個駄背的起伏階梯，就是我待了六年的小學。同校的女孩被火車吞食的那次，我們擠在天橋俯瞰，感覺空氣像冷毛巾擦過胳肢窩；從同一個角度抬起頭來，國慶日的煙火總在高樓夾縫間爆散……，不斷綻放出彩色火星那底下，便是燦爛的西門町。

我必須說，這六座天橋（不曉得為什麼，忠棟到孝棟之間沒有），像枝幹一般，聚棲了一群飛聚的迷蝶。她們或者是由觸角嗅到某種生命的味道、或者是生長地的乳汁不堪負荷、或者是突如其來的環境變動，便任由翅膀被迷懾，甚而穿越海峽，訪覓可以安安靜靜產卵的所在。

安安靜靜地，彎起尾柄，讓卵附貼於食草的脈搏上。

你記得嗎？商場的尾端是電氣街，那裡多的是從南部望北飛學「工夫」的學徒。他們總是背著手，在師傅拆卸拉利歐（收音機）時，唯恐漏失了一條導電的接線，金魚般惶惶地撐著眼。忠棟孝棟那裡，都是有一尾感傷舌頭的老頭。他們越過海峽時，唯一未被鹹水洗淨的，是味蕾的記憶，和難以吞嚥消化乾淨的鄉音。哎哎，想起來了嗎？那魚一般，躍跳姿勢的黃金色鍋貼？「真」北平。來吧，來。跟著。我帶你到仁愛信

紅擬豹斑蝶
（珐蛺蝶）

蛺蝶科，屬熱帶蝶種，是來自東南亞的迷蝶，現在已是台灣的住民。他幾乎分佈在台灣各個區域，離島也有分佈。展翅約五至六公分，翅翼呈黃橙色，上有黑色點斑，飛行時極易和黑端豹斑蝶雄蝶混淆。幼蟲食草是垂楊柳。

義。也許你不相信，這裡住民曾耕種過一個平原。他們放下鋤頭以後，有的切割皮革縫鞋，有的裁剪布料做衣服，有的賣口袋大小的皮夾和可以裝下一個人的皮箱……你可以光溜溜地來，完整地離開。

我原是那裡流浪生命的第二代香煙。母親曾說起父親，當年他從桃園揹著一肩的掃帚，一路賣一路走一路賣，至終停棲在商場未建前臨時搭蓋的竹仔厝裡。

一尾翅翼上沾滿鹽分的疲憊紅擬豹斑蝶。

一九四〇年左右，紅擬豹斑蝶首次被發現，隨即消失。直到一九九六年，才又重新在新竹被發現。原產中國大陸和菲島的她們，如何穿梭海上的矢風簇雨，流浪而來？又為何經過二十年的掙扎才又得到普遍全島的機遇？更讓人謎猜的，是她們甚且飛至日本的八重山諸島。那是一條怎般遙迢的航線。

散離，又歸聚。一九九九年底，商場每戶都可以分配到三坪左右的捷運地下街，或三十萬新台幣，他們竟又成為一個新聚落，潛伏在市政府「西門慶」的地底下。然而，布希亞，我記憶的參考物已然液化。

前日我下公車時，遠遠地感知一個身影。我肯定那是信棟二樓賣牛肉麵的。不，不記得他的名字了，只記得店名叫「第一牛肉麵店」，記得那些浸滾在火辣牛肉湯裡的油豆腐，與臼齒接觸時所流淌出讓人眼眶發紅的滋滋汁響。辣燙得足以讓腦裡的儲藏室，自燃。氤濛的蒸騰熱氣中我似乎看到那群經過二十年後，重新飄越海峽的豹斑蝶，野性底飛翔姿勢。

你知道嗎？紅擬豹斑蝶的食草是垂楊柳。「年年柳色，壩陵傷別」。這是一種體內佈滿流浪基因的蝶。

紅擬豹斑蝶的食草是垂楊柳。
年年柳色，壩陵傷別。
這是一種體內佈滿流浪基因的蝶。

一九九二，站在待拆的中華路天橋上，我親眼目睹了那株亙聯商場的巨木朽腐垂敗的崩解過程。我穿過武昌峨嵋，像繞過千萬里的山河，站在如今已成天空的橋上，看著怪手將我童年的場域凌遲處死。每當翻開那頁，眼前就浮現水手傳說中平貼翅翼在海面過夜的紅擬豹斑蝶迷蝶群落，順著陽光震抖身子，海，謎般燃燒起來。

謎

J.C.：

當我按下接收訊息的浮鍵，看著那海豚般躍進籮筐的信箋，彷彿感到，身體的一部分被墨藍的海域，溫暖地蜂刺了一下。

你的名字被顯示卡秀現在Monitor上，一組電波的短暫顯像。循著電纜，也許可能，如蜘蛛敏捷地感知網上的震幅，而準確地撲捉到你此刻的嘆音？或許。

你說，紐約此刻正降著雪。我知道。從你e來的字體轉折，我意會到你手臂上的汗毛末梢，正不可避免過分敏銳地驚惶於氣溫，如一尾被擲入陌生水域的孔雀魚，靜靜蜷卷尾鰭，避隱角落。畢竟你來自港都，那個連陽光都直來直往，絕不忸怩的南方。

你說，她找了一個男同學一起開車來接你，連笑容都是遠遠地，像描圖紙遮掩下的風光。你默默地提著行李，上了車。

這個星期天，我遇到綠斑鳳蝶。也許你不知道，這是極其幸運的意兆。她們來自最早感知春天的島嶼南方，據說可能是在一九七〇年左右，才大量從菲律賓迷飛而來。溫度升高時，就引誘她們迷路的基因，固執地飛過巴士海峽，翻溪越谷，甚至來到北方的城市尋找在含笑上延續生命的可能性。換句話說，她們嘗試不斷望北的異鄉戀愛。她們的飛行連嘆息都跟不上；翅翼是少婦頸上的綠斑絲巾，有一種強勁卻含蓄的情緒。

是啊，這種嘗試常是失敗的，身體適應的彈性仍較環境的趨力要脆弱些。你問，綠斑鳳蝶怎麼辦？她們選擇回鄉，然後在另一個溫柔的季

綠斑鳳蝶
（翠斑青鳳蝶）

鳳蝶科，是代表性的熱帶鳳蝶，分佈在台灣南部台南、高雄、屏東、台東、蘭嶼等地。飛行疾如矢箭，原可能是來自南亞的迷蝶，現在已定居台灣。展翅約六．五至七公分，以含笑、台灣烏心石等植物為食草。後翅無尾。

節，繼續迷路。那種執拗總讓我感到她們的飛行發散著一種醚味，讓我眼球產生欲醉的痠麻。對她們來說，生命便是一個奔波的過程，無法推諉。一面奔波，一面戀愛，一面挫痛，一面療治，一面死亡，一面再生，一面迷路，一面尋路，一面陌生，一面熟悉。

去年底你來找我，說正在補GMAT。你說，原來語言才是交通工具。我問，真的這麼想唸？大一的時候因為母親希望你走商，下學期你放棄了空氣稀薄的大傳系，再一次聯考，結果竟然鬼打牆地又回到F大，只是選擇了企管系。大四，你竟然去考了教官，去消耗國軍發芽的米糧。去年底，你來找我，說為了一個女孩，想去N大唸書。我說你真的想唸嗎？

你說唸你媽。

剛接觸蝴蝶的時候，有一位在汽車修護場的業餘愛蟲者告訴我，許多低山帶的蝶種春夏時向中海拔遷移，高山蝶則在秋冬向低海拔飛翔。所以，不要笨到以為自己發現了蝶種的新棲地。我問，既然多半失敗，那幹麼還要飛呢？他說，你去問伊們啊！

我想，即使從羽化前就「胎教」新生的綠斑鳳蝶，她們也會在潛潛意識裡生長出一株含笑花的味道，然後憑自己的觸鬚去尋找恰好溫度下恰好綠意欣然的植株。即使我是電視裡那個能讓人身體堅硬如鐵的催眠大師，她們從蛹裡醒來的那天清晨，仍然會拍煽雙翅，望異鄉飛去。道金斯(Richard Dawkins)說的，我們是基因的殖民地。

也許是我們體內某些永難測知的基因，他媽的醚了。你不是說她的笑容有甜筒的味道嗎？生命和生命之間，那裡頭必然有些發酵的生菌，慢慢從你的眼耳鼻舌，煽高血液裡的酒精濃度，鑽爬到腦神經，然後含笑。

所以你飛了。那真美麗。

迷

春天，清明剛走的時候，我發表了一篇題為〈王漁洋詩歌／批評觀點

綠斑鳳蝶不斷嘗試望北的異鄉戀愛，尋找在含笑上延續生命的可能性。

的再建構與運用〉的論文。那天晚上，騎腳踏車回住處時，冬天不甘就此離去的最末一波寒流，挾著狠辣的雨水來回潑掃水田。從梗旁望交流道的方向看過去，整齊得像梳子正迅捷地爬過一樣。我進了門，全身徹底地冰濕，衣服黏著在皮膚上，像擦拭的酒精，不斷帶走體溫。

雨水不斷地被皮膚吸吮後，再滲透出來。滴，落。

筋肉有一種蟻齧酸酸地刺痛的感覺。那本十幾萬字的論文影印稿，留住了今年春天第一場大雨，頓時沉重得像是幾個月來被它吸吮的時間，垂積在背包裡，拉扯肩膀。

我用力地踩腳想將雨水和泥巴留在屋外，發現腳邊有一團黑影。蹲下去，是一張蝶屍。

像是地上出現了一個深無見底的遙遠窟窿，把周遭一切的光都吸了進去。後翅中央的白斑帶，像是特意配合黑的深沉而閃亮。這是玉帶鳳蝶，你可以輕易查到圖鑑的。

家裡書架上，我就放了一對前翅與後翅，一隻散落標本的殘存證據。由於我太迷戀那種毫無雜質瞳孔般的黑色，而捨不得遺棄。那格櫃子，

玉帶鳳蝶　攝於東華大學

還放了一顆一九七二年出產偉士牌的里程表，胸前寫著「60」的大同寶寶，和一枚焦黃，堅硬如石的東西，上頭我用簽字筆寫著：「一九九三年八月十九，新中的某粒饅頭」。那是我入新訓中心刻意留下的紀念品，上頭被黴菌腐蝕得坑坑凹凹。

你還記得一九九三嗎？那年春天，你拿了幾篇刊載在南部報紙上的極短篇給我看，我說你寫這些垃圾幹麼？那時你迷戀著班上一位有著芭比娃娃般鬈髮的女孩，和Guns N' Roses。你忿然地說，馬的拿給你看還說我寫的是垃圾，你寫的就不是垃圾嗎？

其實，那是一種排泄。你看過吸蜜的玉帶鳳蝶嗎？她們不斷搧動翅翼，像要把花室裡的蜜汁，揚濺起來。暫時停憩飽食的她們，尾端會有類似琥珀的半透明物滲出，發出詭豔的熒熒綠光。

坦白說，你還記得一九九三冬天嗎？我在岡山，你在屏東。聽說你跑五千時昏厥，隔天我向輔仔請了假，向同梯借了部機車。到病房時，床上放著一張紙條：「有事暫離」。轉身，你站在樓梯口，還拿著一包洋芋片之類的東西。

「土飄塵揚兮，迷行錯步。」退伍隔年，你邀我到音樂雜誌上寫稿，在電話裡每回一邊幹譙，一邊談著音樂時，我才理解，為什麼遷移的蝶種，極少孤獨地長途飛行。這些年來，我總感覺到，身邊有些翅膀鼓起風勢的聲響，和呼呼熱風。我選擇了你說過沒出息的中文，一九九八年進了博士班；你選擇了以前你最不屑的財團媒體，有時還要跟范曉萱打屁。

看到玉帶鳳蝶的屍體時，已有螞蟻勤奮地肢解她了。據陳維壽老師的記錄，每年在鵝鑾鼻半島的滿州鄉至社頂公園一帶，她們會有一次沸騰的大發生。像黑色的河流朝西南方淌向大海，由於飛行高度極低，甚至正面衝撞汽車，蝶屍雨滴般，炸綻在擋風玻璃上。陳老師曾雇船跟蹤出海，隨蝶群擺渡二十餘公里。之後便是一片茫渺的海洋，已絲毫沒有任何玉帶鳳蝶的飛行部落了。

飛著飛著，就被海風擊沉，或體力衰竭而喪失飛行能力，有的恐怕是嗅不到過山香的魅惑，而失去飛行的勇氣。或者，如謝靈運所說的，迷「蝶」還故林，竟掉頭回來啦？

Gental結婚的晚宴後，我們去墳場續攤。你拿著大哥大，跟公司的同仁談業務，聲音大得驚人。我的紅酒後勁催了上來。切斷電話，你問中文所做那些死人骨頭的研究做啥？

我的視力，你的影像，被酒精蒸發了。

並不是陡然拉起簾幕，被裝進一個特製的，拒絕光的箱子裡，而是像漸漸衰落的電池檯燈，無可奈何地老去。換句話說，在估計沒有能力換電池的狀況下，眼睜睜地感覺，光線在我的網膜上消翳，連一枚色感電位都不再激起。

我發表完論文回租處的那天晚上，晴朗無風。脖頸被悶濕的晚春，留下黏稠的酸薤汗味。當鑰匙鑽入孔中時，瞥見幾頁黑絨般的玉帶鳳蝶蝶翼，棲躺在鞋尖緣端；抬起頭，她的身體在我心臟高度，慢格播放般往上移動。

一群螞蟻，正帶著她無翅的屍體緣牆飛行。

玉帶鳳蝶

鳳蝶科。分佈於全台低山帶，蘭嶼亦常見，屬於熱帶系蝶種。展翅約七至八公分，後翅有一排弧狀的白斑，以之為名。雌蝶有兩種型態，一與雄蝶相似，一則擬態紅紋鳳蝶，但後翅弦月紋弧度較大。食草為芸香科的飛龍掌血、山桔等。

Papilio Polytes pasikrates Linnaeus

紅擬豹斑蝶　攝於芝山岩

飛

校園裡有一道名為百花川的溝渠，以一種散漫的態度穿過。有時面對俯瞰的秋日，也會渴成散兵坑道。兩旁除了幾叢梔子花，和零散遙對的桂花，勉強在舊圖附近遇到幾株茶花，但怎麼湊也湊不到百花。「百」與「川」，該只是賦名者想像的虛詞罷？

唯一可以嗅到「川」的味道，是那幾株垂楊柳。如果你刻意將單車騎偏一點，就會撞上她柔軟的挽留枝臂。你知道嗎？從菲島渡海而來的紅擬豹斑蝶的食草正是垂楊柳。昔我往矣，楊柳依依。這種體內佈滿流浪基因的蝶，血液中流動的，竟是如斯糾纏這般擾人底溫柔枝葉。只是我在校園裡從未遇到過紅擬豹斑蝶。或者，我總是錯過他們的流浪。

在沒有特意外出跟蹤蝴蝶的時候，百花川是我每天可以遇見他們的一條蝶道。只要天晴，就有琉球小灰蝶，跟著酢醬草開放；偶爾會乘著水聲，從身邊滑過的，如日行蝙蝠般的是雄大鳳蝶。而如果你的眼光夠利的話，可以在瞬間拉到青帶鳳蝶，一秒鐘搧動數百下的衣角。這些一點都不稀奇的蝶種，像老朋友一般，你用眼角就可以認出他們。

紅紋鳳蝶，總是在特別幸運的早晨才會路過百花川。

當我發現這尾紅紋鳳蝶時，是驚訝多於喜悅。逆光看去，他的後翅原本應有白斑的第四、五室，和紅色月牙紋的地方，竟類似爛熟木棉的苞蕊，成為一種微曲的橢圓，顏色因而成了一張揉皺的畫紙。他雖然努力地鼓動著空氣，卻往往只能在維持高度之餘，以幾釐米的秒速向前。

對蝴蝶來說，羽化可能不是一些文學家筆下美麗的過程，而是生死間緊張的頓號。當蝶蛻蛹而出，抓著被拋棄的舊軀，爬到一個等待的角度時，時間對無法飛行的他們來說，是一珠凝定的琥珀。他們無法應對外界的讚嘆、覬覦、變動與詢問，只是靜靜地等血液注入翅脈，緩緩硬化。如果幸運的話，時間會在二、三十分鐘後重新流動，帶領他們鼓譟的新生，衝撞天空。

幸運的話。

如果不，除去無可奈何的天敵，不是每隻蝶都注定有飛行的權利。有時是蛹中的革命未完，便只好成為帶翅的苦行者，爬行到被捕食者發現為止。這尾紅紋鳳蝶顯然是羽化的失敗者，可能是一陣突如其來的冒昧強風，或者是蛹期發生了不可料知的病變。我曾經等待過一隻烏鴉鳳蝶的羽化，他倒吊在賊仔樹的枝枒上，新生羽翼上的黃綠鱗片，像那片虛幻的，理論上存在的柵狀星雲。我將近攝鏡頭幾乎貼緊他的軀體，他只能些微顫抖地移動身軀來表達緊張。等待飛行，是一種殘酷的忍耐。

羽化失敗的紅紋鳳蝶，用他尚稱完整的前翅，勉強飛行，像是所有的空氣不但在阻止他向前，並從後面，將他的體力一分一寸地拉扯出來。方向？想是沒有的。端看風的意見吧。

飛行對你的意義是什麼呢？我下了單車，步行跟隨。我收藏的紅紋鳳蝶標本，便是一隻羽化不久的新鮮個體。一位業餘的捕蟲者，教我製作標本的教材。他從三角紙中取出蝶體，然後用食指與拇指掐住胸部前緣，輕微地啪一聲後，他的長腳交相磨擦，口器倏然向外伸直，然後在頭部外，像小時候吹壞的一種捲狀紙笛，緩慢地蜷曲起來。在還未飛行之前，他便被凍結在我的標本箱裡。而如果沒有那兩對美麗的飛行器，我還會用銀亮的三號蟲針，穿透伊底胸脯嗎？

他搖晃了一下身體，隨即又固執地，踉蹌地穿繞過百千層木。

一九六四年，濱野榮次在墾丁公園外環道路斷崖的枯樹蔓草間，遇上巨大的紅紋鳳蝶群，「稍後飛抵的蝶隻因無法尋得棲身之處竟怒而群起鼓翅」。紅紋鳳蝶在任何台灣蝶類圖鑑裡，都被註明是四季皆有的普通種。但現時「普通」一詞的符旨，恐怕和昔時大不相同。當時濱野先生因為底片的感光度不佳，而錯失這個數倍於六龜的斑蝶集團，沒想到這可能是永遠的錯失了。一群互爭休憩場域的紅紋鳳蝶，怒而飛，可能只存在一九六四年的墾丁。

那麼龐大的蝶集團，需要多少馬兜鈴的支持？這證明曾經有那麼一群的紅紋幼蟲，靜靜地嚙食著上帝的賜與，為一雙翅膀的飛行做準備。

對他們來說，飛行，方是生命的實現。

拚命從食草身上，攝取足夠兌換飛行的能量，而飛赴一場戀愛，像是

紅紋鳳蝶
（紅珠鳳蝶）

是低山帶蝶種，幾乎分佈在台灣各個區域，離島也有分佈。展翅約七至八公分，前翅黑色，後翅有紅色弦月紋。他與大紅紋鳳蝶的分別在，大紅紋鳳蝶體型較大，而尾突上也有紅紋。幼蟲食草是馬兜鈴、港口馬兜鈴等。

Pachliopta aristolochiae interposita Fruhstorfer

人魚用咒語換來的雙腿，意味著愛情的走近與追逐。雌蝶其實不可能選擇和追不上她舞步的雄蝶繁衍。飛行，才是魅力。

春夏時，許多低山帶的蝶種向中海拔遷移，高山帶的蝶種則在秋冬時向低海拔飛翔。這種擴展生命領域的企圖常常失敗，而客死異鄉。然而明年的下一代始終要再試一次。對他們來說這不叫冒險，而是責任。能夠飛行，也就背負了遠比身體還要沉重的某些物事，這使得他們的飛行實在不如我們看到的穿花款款地輕鬆自在。

我的母親總在我學會用「汝勿插啦，汝不識啦。」的時代，用一句軟弱的話來回應：「好啦，汝大漢啦，翅硬啊，會飛呀，免哇囉。」她總是用一種無力的眼神，故意閃開，那個孩子已能飛行的事實。在我上博士班以後，她連這句略帶邀請安慰的話都省略了，多數時間我待在學校，忙著準備發表一些有時我也不是那麼懂的論文。每回她問起怎麼忙什麼事可以忙得連回家一趟的時間都沒有？我也只能笑一笑，把那句「我家己就不知，汝那會知啦」就此省略。

年紀大了，她另一句擾人的口頭禪是，「恁老爸如果不是我致蔭(蔽蔭)

伊，伊甘會有今日？」這在老爸耳裡當然是不怎麼受用。但不知道為什麼，這句話總讓我有很強烈的戀愛的感覺，可能在這個看似自誇的句子裡，隱隱讓人感到所講述的對象是複數的意涵吧？至少那似乎暗示了，他們曾經以某種相互致蔭的姿勢，飛行過一段路。

他們的飛行，就被凍結在標本箱似的相本裡，和我們肖似的眼窩輪廓裡。

飛行？那是責任。

對**紅紋鳳蝶**來說，飛行才是生命的實現。

我眼前的紅紋鳳蝶，其實已經被剝除了責任的背負。他的飛行，失去戀愛，失去責任，失去目的，於是，連跋涉都談不上了。

嘿，那你究竟為了什麼而飛行啊？

由於已經是初秋，百花川的顏色也因此黯淡了點，垂楊柳顯得無甚精采，緩緩地配合著風擺著葉尖。昨夜想必下過雨，使得百花川的流水隱隱有了「川」的氣力。

轉角處有一簇馬纓丹，本以為他會在這裡歇個腳，沒想到他還是強迫自己繼續前進。馬纓丹總是在墓地附近，如慶典般開得燦爛，所以有人叫他墓仔埔花，那位既是修車技師，又是熟練的捕蟲者告訴我的。

也許再過十分鐘，這隻不甚幸運的紅紋鳳蝶就將力竭地躺在行政大樓前，那排人工修剪得十分齊整的七里香上。由於他們的食草是港口馬兜鈴，使得從準備飛行開始，他們同時也為自己累積了一個帶著毒素的身軀，玉帶鳳蝶的雌蝶才選上他們作為擬態的對象。也就是說，不會有什麼捕食者，跟我搶這筆生意。說不定我可以平白地撿到一個完整的畸型標本材料。只需在回去時，將他的身軀泡在溫水中，軟化他生前未及炫耀的翅翼，然後用固定針和描圖紙，替他捏塑一個飛行的姿勢。而不必安撫自己的涼意與不安，用指頭去窒息他們，忍耐那個宛如鎗聲般，捏碎靈魂的音響。

啪。

我想，也許，他是為了實現所謂「生命」這個虛域的字彙而飛行的吧？

秋天眼看已經淅瀝地冰涼地宛轉地蛇行地由百花川偷渡。我緊緊跟隨如此奮力如此靜謐的飛行，似乎聽見他的胸口，清脆地發出，那宛如落葉擊地的聲音。

環紋蝶　攝於復興

時代

母親常說起，小的時候，我不但多病，也常把別人拖病。

大概是近四十歲之齡才生下我，母親的身體把殘存的青春元素，都轉到我身上，從此以後，她便常常覺得骨骼痠痛。但我也沒有因此白胖可愛，我記得我的腸胃十分不好，氣管也不好，經常咳嗽，咳到發出類似動物喘息的聲音。一直到大學，還有老師認為我的咳嗽聲妨礙教室秩序。

母親常說幫我這個「歹飼」的小孩度過難關的，一個是開漳聖王，一個是林彥卿醫師。

那時候到「台北大橋」看醫生，喝聖王公的符水，穿「祭」過的內衣，是我每星期的固定節目。我記得，父親的腳踏車，因此在前座的車架桿上安了小藤椅，等於是我的特別座位。就這樣，沿著中華路，轉到延平北路，經過大稻埕，騎到「大橋腳」。

坐在前座藤椅，配合父親踩動節奏模仿騎馬姿態的我，等於是一周一次從正繁華的「西門町」到漸沒落的「太平町」觀光一樣。

看醫生當然是每個孩子頂恐懼的事。但我從周歲以後，就是大橋小兒科的常客，可能是因為如此，小兒科裡的氣味我異常熟悉，而忘卻了恐懼。不寬敞的大門，進去是一條長廊。左手邊是問診的大門，和掛號的窗口。幾乎沒有灰塵的長椅，安安靜靜，靠著右手邊的牆。

有一回打了針，因吃了痛，我便嚎哭起來了。我的哭聲總是相當驚人的，記得有一回從台北回永和住處，我因為想晚一點和母親一道回去，便在公車上打滾搥地，求大姊讓我回去中華商場，有的乘客還以為是誘拐，搞得大姊尷尬不已，只好匆匆下車，把我送回商場。

在我大聲嚎哭時，父親到診所外，買了一顆汽球給我。在那個時代，汽球是珍貴的禮物。即使它隔天就委頓在地，我都還捨不得把繩子解

環紋蝶
（箭環蝶）

是台灣環紋蝶科中唯一的種類。分佈於中海拔山區，飛行緩慢，但警覺性頗高。蝶翅展開約九至十二公分，翅為棕黃色，翅腹有眼紋，翅背外緣有魚狀深色斑紋。分類上與摩爾佛蝶科(Morphoidae)及蛇目蝶科都略有關聯，食草為禾本科的油芒或桂竹。

Stichophthalma howqua formosana Fruhstorfer

開，總還期待它會突然飛起來。因為我長期的支氣管發炎，怕成為一種宿疾，那天林醫師開了一種保養的進口糖漿，要父親到附近的西藥房去買，一瓶二百。

那時候，陽春麵大約是八元。

後來，才知道二哥的小孩，也成了林醫師照顧的對象。

我已經十幾年沒有再到小兒科了。藉著二哥帶他一樣是體弱多病的兒子看病的機會，就跟了去。這趟坐的是計程車，從士林出發，從環河快速道路，再轉回延平北路。

診所氣味，將我全身的毛孔一一舒開，十幾年前的殘留在眼網膜裡的圖像，重新又動起來。我踩著兒時的咳嗽聲，走進，

充滿蝴蝶的聽診室。

聽診室的櫃子上，疊著一層又一層的標本箱。林醫師拿著聽診器，貼近肺葉時，我的皮膚感到微微的涼意。坐在看診椅上的我踢著腳、仰著

頭，望著標本箱，彷彿望著另一個比城市還要迷人的某種風景。

那時的我不認得大紫蛺蝶，不認得大紅紋鳳蝶，不認得曙鳳蝶，只覺得離這些翅翼美得不可思議的蝴蝶這麼近，有一種神秘感。就像在夜間的森林看見巨大的蛇頭蛾(又稱皇蛾，Attacus atlas)，總會有一種妖異又激動的感覺。

總之，是近似一種不能呼吸的緊張與興奮吧。

也許因為這樣，才忘了看病的恐懼。

十幾年後的林醫師還記得我，我不覺得他有什麼改變，在我小的時候，就覺得他是一個老公公。他曾聽二哥說過我對蝴蝶產生了興趣，便要我挑一盒標本回去。我知道醫師對收藏蝶標本的珍重，便挑了一盒多是殘翅個體的銀色紙盒改裝的標本盒。那個標本盒是他自己做的，用矽利康黏上玻璃，膠帶密封縫隙，底下沒襯紙，而是在玻璃上貼上一塊塊軟木，以插上蟲針穩固。

標本箱裡，關著紅蛺蝶、黃三線蝶、琉璃紋鳳蝶、麝香鳳蝶、青帶鳳蝶、台灣粉蝶、圓翅紫斑蝶、紫一文字蝶(紫單帶蛺蝶)，以及環紋蝶。

環紋蝶是台灣環紋蝶科(Amathusiidae)中獨一無二的種類，體翅巨大，因為性喜腐果，尤其是鳳梨，又被人稱為鳳梨仔蝶。加藤正世(Masayo Kato，一八九八—一九六七)曾在台灣停留六年(一九二三—八)進行生態研究，一九三一年刊載他看到的這種淺黃棕色、近似蛇目蝶的巨蝶。加藤說：「砍伐後的竹株積水，許多個體密集環繞竹幹周圍吸水，像菊花的花瓣一樣。」這段文字，在數十年後依然發酵著魅惑，另一位蝶類專家濱野榮次因此深深嚮往著。濱野說自己到台灣，「最想拍攝的是日本所沒有，特別是加藤正世先生所記述的環紋蝶。」

當年加藤看到宛如菊花開放的環紋蝶，而寫下這段文字的手，想必輕輕地顫抖著。而從小便迷戀台灣蝴蝶，以捕捉一百隻日本產的柑橘鳳蝶、黑鳳蝶、青斑鳳蝶以換取一隻台灣產琉璃紋鳳蝶的濱野，腦中便印記了這位昆蟲權威的文學性描述，在一九六四年首次飛來台灣，期待看到圍成一個圓圈，彷彿進行一種儀式的環紋蝶。

在長達六年的攝影經歷中，濱野沒能見到「宛如一朵盛開菊花」的景象，只拍了「圍成類似二、三片花瓣的照片。」他略帶感嘆地說：「大概已跟加藤先生所看到的那個時代不太一樣了吧！」

如菊花般開放的環紋蝶群的時代，飛走了。

我挑的那盒標本裡，環紋蝶是極其殘破的。翅緣簡直像過去拿來做掃帚的山棕一樣，有的部位深裂至基部。不久，由於收藏不慎，標本盒摔落地上，於是他的左翅幾乎整個折斷。那時我已經中止採集標本，幾經考慮，我捨棄了那「頭」環紋蝶。

林醫師空暇時常常寫一些文章，就影印給我二哥。有關於芝山岩或其他地方的，有關於回憶的，有關於蝴蝶的。其中有一篇〈樽魚與蝴蝶的故事〉提到寬尾鳳蝶，及因此蝶與日本小兒科權威馬場一雄的一段因緣。由於林醫師送了寬尾鳳蝶標本給業餘蝴蝶愛好者馬場，馬場驚喜地追問說：「文獻上說這種蝴蝶全世界只有六頭，你送給我一頭，其餘五頭藏在哪裡呢？」馬場誤將林醫師的標本，當作一九三七年七月在台北州羅東郡烏帽子陸續捕捉到的六隻原始標本。

林醫師寫道：「日本人在數動物的時候，一般用一匹、二匹，只有數牛、馬、象等軀體比人大的場合，才用一頭、二頭。」至於為什麼用「頭」來數寬尾鳳蝶？林醫師猜：應基於這蝴蝶夠得上蝴蝶之王的資格吧！

從林醫師送我標本盒那時起住進我腦中的，黃色翅翼亞外緣排列著眼紋的環紋蝶，對我來說，也是值得用「頭」來數的巨大而美麗的蝴蝶。

六、七月走一趟北橫，從復興鄉開始到巴陵的路旁，時常可以從竹林中，閃現出環紋蝶的黃色巨大身影。由於山勢陡峭，看似即將飛近的環紋蝶，在發現有人駐足時即望上飛，隨即被陰黯的竹林吞回去。如果你能停車走入山徑，更可發現環紋蝶的魅影處處。阿里山附近在這個季節，也是環紋蝶發生的高峰。但即便如此，我也從沒能看見宛若一朵菊花般的環紋蝶吸水群。

有一次，在上高義附近M發現一隻停棲地上的環紋蝶，大叫要我拍下。蝶受驚而鼓翅飛起，在慘黯雲朵包圍下的僅存陽光，將他的身影穿照成半透明。「啊！」我和M都發現，他的右前翅，破裂大半，右後翅則幾乎從基部消失。

這樣還能飛啊？M說。

他不是在飛嗎。我說。

但顯然他飛不遠、也飛不高。約略十秒鐘的飛行，他停在一株桂竹上，加上近七十度的斜坡，大約離我們所站地面五公尺高的地方。由於我找不到可以攀爬的途徑，而300mm的鏡頭加上2X鏡，光圈已緊縮到11，快門只有1／8。何況，竹葉的蔽蔭使得他在畫面中近乎褐色，辨認不出原本細緻的紋理。我沒有按下快門。

我直立不動，希望他能飛下來，近一點，可以曬到天光的地方。但烏雲已經又再次密聚，雷聲隱隱，像從山的那頭，又像是近在身旁的山谷。

急速地，遠處像穿過高大及身的芒茅時所發出的沙沙聲，急速地奔近。

大雨來了。

M說，快！找避雨的地方。我不捨地收了相機，發動機車。在山區遇到大雨，尤其是雷雨，是令人不安的。跨上機車，天空降下啊啊的聲音，我和M抬起頭，兩隻烏鴉，從林中飛出來，低飛徐徐張翼的他們，有一種妖異的優雅。

農曆二月十五日，開漳聖王聖誕的時候，母親本想要我一道去。但她知道我鐵齒的脾氣，就沒跟我提。這時那位年近八十的乩童，已經搬到天母大葉高島屋後面的巷子，最近，聽說已經沒辦法一起乩，就站七、八個小時才退駕。母親說我從小就讓聖王公認做契子，所以才能時時逢凶化吉。但我只是不能理解，我的運勢和健康，竟和一千多年前平定南海邊邑，請設漳州，景雲二年(西元七一一年)死於戰陣中的武將陳元光，扯上關係？

你這個歹飼囝仔，那毋是我一直走聖王公，求聖王公保蔽，三工五工就抱去大橋小兒，你是飼會大漢喔！母親說。

我一直想不起來，小時候生病時父母親的緊張。對我來說，去大橋小兒科，是難得的觀光時間，而去當時設在現在馬偕醫院旁市場內二樓的聖王公神壇，則別有一種令人興奮緊張的神秘感。神壇位在一家藥草舖的二樓，必須踩著吱吱呀呀近乎黑色的木板梯上去，左手邊是報名處(沒錯，要排隊)，再進去才是掛有手工燈籠的神壇。神壇上擺滿神像，牆是水泥粗坏，沒上漆，天花板的一頭，被長年燃香燻成烏雲狀，似乎天雨欲來。廁所在經過一條長廊更深的裡面，擺著盆栽的地方。長廊左邊，一路開著木窗。走過去，看到市場流動的人群，不斷被木窗切斷。煙則持續地，飄散出去。

現在，則是父親和母親多病。父親為長期的高血壓所苦，母親則血糖過高，容易頭痛。我可能因為大學時代吃了大量的粉光蔘，當兵後不再時時發出令人恐怖的咳嗽，竟很少病痛了。到中壢念書後，每周一次返回士林，讓父親和母親看看我。有一陣子，我為了節省車資，都是騎車從省道來回。大約在黃昏時騎過重修後的台北橋，轉進延平北路。將夜的延平北路，開始有虱目魚湯、肉圓、豬肝湯、蚵仔麵線擺出來，燈火耀爍，就不容易看見被擋在後頭的小兒科診所。但每到轉角時，我都覺得機車陡然慢了下來，慢了下來，

慢了下來。那是父親從小販手上，將汽球交給嚎哭中的我的地方吧。彷彿我看到，環紋蝶圍繞成的黃色菊花，靜靜吐放。

飛翔的眼神

吳明益

於是有一天早晨我醒來，發現自己肩胛骨旁，一雙翅膀正在發芽。並不像蝴蝶，在蛹化後即刻是成熟的飛行器，而是一對正在發展、調整的骨骼。

一九九七年宋澤萊先生鼓勵我出版第一本小說集時，我在閱讀完數年間寫作的自己後，發現那段時間不斷糾纏困結在我的手腕急欲掙出的文字，對象是一群在生活中搖擺的人。人的掙扎姿態，讓我感到一種淒愴的美感。但也在那本書的序裡，我提到文學院舊館那片用千年紅檜神木製成的木牌，提到自己，開始掙扎於過去以人為思考中心的模式。

我開始迷戀蝴蝶，正是在那本小說集收錄最後一篇小說寫定的隔年，也就是一九九七。那時的我從傳播廣告科系畢業、服完役、考上中國文學研究所，因工讀受訓而成為一個昆蟲展的臨時解說員。一個月的展期中，我第一次完整地看到，腰繫在魚木上的端紅粉蝶，蛹化的過程。

那隻新生的端紅粉蝶，旋即被另一位解說員，捏暈了後收進三角紙裡。

我漸漸知道，有些朋友將蝶視為一種「作物」在飼養、對待，當「獵物」在追尋、搜捕。他們蒐集標本，像蒐集神奇寶貝卡。

我也理解，作為一個昆蟲學者必須蒐集個體，以比照、研究種間差異，或大量飼養以觀察、判斷族群的變異、亞種之間的關係。蝶是一個研究對象，是一個連鎖的謎面。這些手段，或許對專業人士而言是應該的。況且，採集絕不是蝶隻減少的主因，過度的開發才是讓蝶類斷糧的元凶。

但對大多數人，包括我自己來說，我們並不是昆蟲學者，但在生活中，亦時時會與昆蟲偶遇。或許學習一種生命對待生命的方式，遠比判分兩種生物體間生殖器的差異來得更為急切。對孩子們來說，沒有人知道將來他們會成為一位文學作者，資訊專家，或一位生物學家。但無論他們的心智將發展成什麼樣的獨特生命，在學習做一個「生物學家」之前，學習如何以一個「人」的姿態去面對其他生命(包括人與其他異種生命)，恐怕是更為緊要的課題。

生態學家艾許比(Eric Ashby)曾說：「人與自然之間該有我—您(I-Thou)的關係，而非我—它(I-It)的關係。……這是個人自行決定的問題。」

人可以將蝶視為作物、獵物、研究物，人也可以將蝶當作朋友、愛侶或陌生人，人也可以以觀賞者的姿態，將蝶看作玩賞物。這些角色時常混雜，有時甚且共存而矛盾，因此充滿辯證。我結識蝴蝶時，蝴蝶並不知道我的機心，不知道我將以什麼角度、什麼手段去接近他們。這個選擇權在我們，在所有嘗試去接近自然生命的朋友們身上。

我並不是一個反人類中心主義者。相對比下，我較能接受諾頓(Bryan G. Norton)在〈環境倫理與溫和的人類中心主義〉(“*Environmental Ethics and Weak Anthropocentrism*”)這篇文章中提到的「溫和的人類中心主義」。諾頓認為，強烈的人類中心主義以人類為一切利益的考量核心，透過感受的喜好(a felt preference)來判斷事物是否具有價值。換句話說，覺得蝴蝶是美麗的，或蝴蝶是可賣錢的，便逕自捏斃蝴蝶，這是依靠感受的喜好來運用自然。但溫和的人類中心主義，則必須有一個完整的世界觀，以省察過的喜好(a considered preference)對待自然。這是一種理想，因為那些感覺的喜好在省察後必須被揚棄，並沒有一個準則可供篩檢。

當在野外遇到一隻迎面而來的大紫蛺蝶或寬尾鳳蝶，您腦中出現的是他所具有的貨幣價值(如一萬元一隻)，是他所能提供我們的用途(如製成標本擺飾)，還是蝴蝶所象徵的美感價值，抑或是生命本身的內具價值？

這些年來我在觀察蝴蝶中總試圖去追索一個答案。如果我們將蝴蝶視為商品，自然能心無愧疚地將他們製成標本，依據市場的價值出售；如果我們自視為賞蝶人，自然可以將標本買回或自製，掛在牆上作為吊飾；如果我們將蝴蝶視為研究對象，自然能為採集的行為找到合理化的理由。但如果我們是動心於蝴蝶這種生命的美麗，或將其視為具有內具價值的獨特生命，卻不一定需要循著買賣、蒐藏或研究的手段來獵取、認識蝴蝶。

你會將你的朋友捏暈、釘在展翅板上，用三號蟲針穿過他的軀體製成標本出售或擺飾？你會在你的朋友身上進行反覆試驗、標記，或汲汲於尋求「新種」，將其視為研究對象？在經過一段以商人或「擬態」研究者的方式對待蝴蝶之後，我決定，以一個朋友的姿態，用眼睛、望遠鏡及相機對蝴蝶表達我的迷戀。

迷蝶是「迷走」的蝴蝶。在生態學的術語中，因遷徙或天然因素(如颱風)所導致某個地區出現原不產於這個地區的蝶種，這些新移入的蝶種，便稱為「迷蝶」。台灣的蟲相屬於東方區和舊北區，亦即相似於東南亞與中國大陸。由於距此兩地亦不甚遠，便時而可見從大陸或菲律賓遠道飛來的迷蝶。日本紋白蝶、紅擬豹斑蝶、香蕉挵蝶、黃裙粉蝶、乃至前些日子發現的「波紋眼蛺蝶」(*Precis atlites L.*)等等，都是經過神秘的遷移或隨著交通工具偷渡而逐漸定居的蝶種。這和台灣的人文歷史也有相似之處，屬南島語系的原住民，十六、七世紀西方海上強權的侵入，日本的勢力與文化，乃至規模最大的中國人民不同階段的遷徙史，及東南亞勞工的進入，在在顯示，這是一塊容納各種生命型態的地域。迷蝶在這塊土地與原生種的爭戰、拉鋸與掙扎，也往往讓我看到了人類族群相處的模式與歷程。這些文章並不專寫生物學上的迷蝶，而是類似遷徙的蝶與遷徙的人之間的聯想，於是時而以蝶的世界，去反思人的世界。

迷蝶也象徵「謎樣」的蝴蝶。生命的神秘，是勾引許多研究者或喜好者不斷潛入的深淵。在觀察的過程中，我沒有研究者的豐富知識，沒有紅外線或夜視攝影機，也沒有能力建造一座觀察塔以觀看樹冠層的美麗綠小灰蝶(綠小灰蝶屬總是高飛在樹冠，許多觀察者，可能窮一生未能親見)，不使用捕蟲網，更沒有雇請捕蝶人，為我注意冬季蝴蝶谷的形成日期。我只是嘗試在可能的範圍，閱讀到研究者的研究成果，配合我的眼睛，讓我在野外遇到美麗身影的時候，能夠對這些朋友的性格有更深一層的認識。對我來說，蝴蝶謎般的魅惑，在於他是一個多變的生命，而不是生「物」。

迷蝶也是「迷戀」蝴蝶，宛如一個暗戀者去揣想戀人每一個動作的心情。這使我每次遇到一隻蝴蝶，都有心跳加速的激動與羞怯。我漸漸感受到，當你能用「人」的姿態去對待一隻蝴蝶，你便更能以「人」的姿態，去感受另一個人。我的朋友I. K.在一次野外觀察回來時告訴我：今天最愉快的事，就是把望遠鏡遞給那個問我們在看什麼的歐巴桑。

《迷蝶誌》即是，這段時間，我用文字、照片、手繪所記錄下的，我對蝴蝶的迷戀與想像。

這本書中沒有寫及珍奇難見的蝶種，也沒有過於艱深的生態學識，都是每一個人在都市、郊外可能遇見的蝶種，可以理解的常識。但我想我提供了一種角度，即是一個文學喜好者，結識另一種生命的想法、感受與思維。而這種生命，給了我回頭面對「人」時，深深的戰慄、啟發與面對生命的輕盈姿態。

我一直覺得，其實人類並非沒有翅膀，而是萎縮。

我能接受，人類不能飛行，是因為攢集了太多金錢而導致口袋太重，或是自築牢籠、懼高、互相拉扯。唯一我不能接受的謊言是，人類沒有翅膀。

至少至少，給我一個飛翔的眼神。（二〇〇〇年）

中壢雙連坡

附錄：《迷蝶誌》各篇目收錄選集目次

《迷蝶誌》曾獲2000年台北文學獎創作獎散文獎，《中央日報》出版與閱讀十大好書，2004年《文訊》2000-2004票選新世紀六十本好書。

書中旁注的蝶類資料，食草與中文名以濱野榮次《台灣蝶類生態大圖鑑》及張永仁《台灣賞蝶圖鑑》為主要參考，另附註近年徐堉峰教授主張的「新」中文蝶名，這是因為兩種中文俗名均有人堅持使用。若未附註則是兩種中文名均同。

〈十塊鳳蝶〉

選入《中華現代文學大系・散文卷》(台北：九歌出版社，2003)、《二十世紀台灣文學金典・散文卷》(台北：聯合文學出版社，2006)，《閱讀文學地景・散文篇》(台北：聯合文學出版社，2008)。

〈忘川〉

選入《天下散文選：1970-2000》(陳大為、鍾怡雯主編，台北：天下文化，2001)、《台灣文學30年菁英選：散文30家・下》(阿盛主編，台北：九歌出版社，2008)。

〈飛〉

選入《八十九年散文選》(台北：九歌出版社，2001)、《夢想起飛：勵志散文集》(歐銀釧主編，台北：幼獅文化，2009)。

〈放下捕蟲網〉

由台灣筆會委請台大外文系鄭秀瑕教授翻譯為英文，編入選集(尚未出版)。選入國中國文教材。

〈陰黯的華麗〉

選入《花紋樣的生命》(劉克襄主編，台北：幼獅文化，2008)。

封面用紙：日本環保風雲紙　203 g／編號1041・C（峻揚紙業）
內頁用紙：日本米白道林紙　69g
別冊封面用紙：日本環保風雲紙　203 g／編號1041・C
明信片用紙：日本AP中性紙　186gsm／編號98186（恆成紙業）（含10%非木材鐘麻纖維[Kenaf]，資源保護非木材紙普及協會推薦環保紙張）
印刷油墨使用植物性油墨

本頁插圖及28頁插圖原載於《台北伊甸園：士林官邸導覽手冊》。圖中蝶由上而下分別為：
28頁：琉球青斑蝶、紫端斑蝶雌蝶、姬小紋青斑蝶。
本頁：紫端斑蝶雄蝶、小紫斑蝶、紫斑蝶、紫端斑蝶雄蝶。

國家圖書館出版品預行編目資料

迷蝶誌／ 吳明益作. -- 初版.
– 臺北縣新店市 ：
夏日出版 ： 遠足文化發行，2010.08
面 ； 公分. --（Andante；2）
ISBN 978-986-85570-7-9（平裝）
1.蝴蝶 2.通俗作品
387.793 99012554

Andante 2
迷 蝶 誌

作　　者 —— 吳明益
攝影、繪圖 —— 吳明益

總 編 輯 —— 陳靜惠
編輯協力 —— 洪禎璐
美術設計 —— 黃子欽

社　　長 —— 郭重興
發行人兼出版總監 —— 曾大福
出　　版 —— 夏日出版社
發　　行 —— 遠足文化事業股份有限公司
地址：231台北縣新店市中正路506號4樓
電話：(02)2218-1417　傳真：(02)2218-8057
電子信箱：service@sinobooks.com.tw
客服專線：0800-221-029
劃撥帳號：19504465　遠足文化事業股份有限公司

法律顧問 —— 華洋國際專利商標事務所 蘇文生律師
印　　刷 —— 成陽印刷股份有限公司(02)2265-1497
初版一刷 —— 2010年08月
定　　價 —— 330元

I S B N　978-986-85570-7-9